I0463010

TEORIA FOTODINÂMICA

Leandro Bertoldo

TEORIA FOTODINÂMICA
Leandro Bertoldo

Dedicatória

Dedico este livro à minha querida mãe
Anita Leandro Bezerra

TEORIA FOTODINÂMICA
Leandro Bertoldo

"Defrontando ciência com ciência, lógica com lógica, filosofia com filosofia". (Educação, 67).

Ellen Gould White
Escritora, conferencista, conselheira, e educadora norte-americana.
(1827-1915)

TEORIA FOTODINÂMICA
Leandro Bertoldo

Sumário

Capítulo 4
Ondas Eletromagnéticas
1. Introdução
2. Conceito de Onda
3. Natureza das Ondas
4. Ondas Mecânicas
5. Ondas Eletromagnéticas
6. Classificação das Ondas
7. Conceitos Fundamentais
8. Ondas Periódicas

Capítulo 5
Força Discreta do Fóton
1. Introdução
2. Força Conservativa do Fóton
3. Carga Radiante Puntiforme
4. Lei de Leandro

Capítulo 6
Campo Eletromagnético
1. Introdução
2. Conceito de Campo Eletromagnético
3. Unidade de Intensidade de Campo Eletromagnético
4. Campo Eletromagnético de um Fóton
5. Campo Eletromagnético Oriundo de Vários Fótons
6. Campo Eletromagnético Uniforme da Radiação

Capítulo 7
Trabalho e Freqüência do Fóton
1. Introdução
2. Trabalho Discreto Oriundo da Força Transportada pelo Fóton
3. Trabalho e Campo Eletromagnético Discreto

TEORIA FOTODINÂMICA
Leandro Bertoldo

2. Contrastes entre Massa e Fóton
3. Inércia do Fóton
4. A Inércia e a Teoria de Einstein
5. Aceleração Fotodinâmica
6. Força Oriunda do Fóton
7. Natureza da Força
8. Velocidade de Propagação de um Pulso
9. Resumo Geral da Cinemática do Fóton
10. Realidade da Aceleração Fotodinâmica

Capítulo 11
Interação Gravitacional
    1. Introdução
    2. Lei de Newton
    3. Desvio do Fóton
    4. Força Fotogravitacional
    5. Resposta à Primeira Questão de Newton
    6. Força Fotogravitacional e Força Eletromagnética
    7. Fenômeno Fotogravitacional
    8. Equação do Movimento de um Fóton no Campo
Gravitacional
    9. Interação Gravitacional entre Fótons
    10. Retenção da Luz

Capítulo 12
Pressão da Radiação Eletromagnética
    1. Introdução
    2. Conceito de Pressão
    3. Unidade de Pressão
    4. Característica da Pressão da Radiação
    5. Lei para a Pressão da Radiação
    6. Nova Lei para a Pressão da Radiação
    7. Energia da Pressão da Radiação

TEORIA FOTODINÂMICA
Leandro Bertoldo

Capítulo 13
Densidade do Fóton
1. Introdução
2. Densidade do Fóton
3. Unidade de Densidade
4. Densidade de uma Radiação Eletromagnética
5. Densidade Linear Eletromagnética do Fóton
6. Relação entre a Equação da Densidade Linear e a Inércia
7. Força específica do fóton

Capítulo 14
Intensidade de Radiação do Fóton
1. Introdução
2. Partículas de Matéria
3. Intensidade da Radiação do Fóton
4. Unidade de Intensidade de Radiação Eletromagnética
5. Energia Potencial Radiante do Fóton
6. Potência da Radiação Eletromagnética
7. Energia Radiante e Intensidade da Radiação
8. Fótons e Elétrons

Capítulo 15
Teoria Fotocinética
1. Introdução
2. Matéria e Fóton
3. Fogo
4. Agitação Molecular
5. Teoria Fotocinética dos Gases
6. Quantidade de Movimento de uma Molécula
7. Temperatura e Fóton
8. Equação de Clapeyron
9. Os Sólidos e os Fótons

TEORIA FOTODINÂMICA
Leandro Bertoldo

TEORIA FOTODINÂMICA
Leandro Bertoldo

Dados biográficos

Leandro Bertoldo é o primeiro filho do casal José Bertoldo Sobrinho e Anita Leandro Bezerra. Ele tem um irmão chamado Francisco Leandro Bertoldo.

Leandro fez as faculdades de Física na Universidade de Mogi das Cruzes – UMC. Seu interesse sempre crescente pela área das exatas vem desde os seus 17 anos, quando começou a escrever algumas teses sérias a respeito do assunto. Em 1995, publicou o seu primeiro livro de Física, que foi um grande sucesso entre os professores universitários, recebendo muitas cartas de congratulações.

Leandro casou-se duas vezes e teve uma filha do primeiro matrimônio chamada Beatriz Maciel Bertoldo. Sua segunda esposa Daisy Menezes Bertoldo tem sido sua grande companheira e amiga inseparável de todas as horas. Muitas das alegrias de Leandro foram proporcionadas pelos seus quatro maravilhosos cachorros: Fofa, Pitucha, Calma e Mimo.

Durante sua carreira como cientista contabilizou centenas de artigos e dezenas de livros, todos defendendo teses originais em Física e Matemática, destacando-se: "Teoria Matemática e Mecânica do Dinamismo" (2002); "Teses da Física Clássica e Moderna" (2003); "Cálculo Seguimental" (2005); "Artigos Matemáticos" (2006) e "Geometria Leandroniana" (2007), os quais estão sendo discutidos por vários grupos de pesquisas avançadas nas grandes universidades do país.

TEORIA FOTODINÂMICA
Leandro Bertoldo

TEORIA FOTODINÂMICA
Leandro Bertoldo

Prefácio

A presente obra procura analisar profundamente o conceito quântico de fóton e apresenta idéias inovadoras nesse campo. Ela foi produzida quando o autor ainda era bastante jovem e a sua imaginação entusiasmada corria à solta pelos diversos campos da Física. Sobre a imaginação Albert Einstein escreveu o seguinte pensamento: "A imaginação é mais importante que o conhecimento". Isto porque a imaginação abre as portas para as pesquisas.

Hoje, algumas das teses defendidas neste livro não passariam pelo crivo da severa crítica do autor, mas como se trata de uma obra histórica e objeto de extrema curiosidade, o autor achou por bem publicá-la conforme foram produzidas na época de sua juventude.

Muitas das idéias apresentadas nesta obra são inspiradoras e servem de trampolim para outros intelectos mais esclarecidos adentrarem em novos campos de pesquisa sobre a natureza fundamental dos fótons.

Esta obra apresenta pela primeira vez ao público a criação de uma nova ciência: a Fotodinâmica. Essa ciência estuda sistematicamente a natureza dos fótons e sua interação com a matéria. Ela apresenta a idéia de que os fótons são minúsculos campos eletromagnéticos constituintes de toda radiação. Com base nesse conceito cada fóton é analisado individualmente como uma carga radiante, quando então as suas propriedades físicas são analisadas.

A estrutura básica deste livro está alicerçada na análise matemática de vários fenômenos relacionados com os fótons. Entre eles destacam-se os conceitos de carga radiante, força discreta, campo eletromagnético do fóton.

Apresenta também novos conceitos foto-elétrico, efeito foto-térmico, natureza dos fotos, etc.

A tese defendida neste livro encontra-se distribuída em vinte e um capítulos, que destrincham metodicamente diferentes fenômenos constituintes da radiação eletromagnética. Tudo com vista a uma profunda análise da anatomia do fóton e sua relação com a matéria.

O autor humildemente suplica pela indulgência do público ledor, haja vista que a obra é divulgada apenas como objeto de análise científica e histórica. Ela é um reflexo do desenvolvimento intelectual do autor, quando contava apenas 21 anos de idade. Não deve ser lida com vista à desmedida censura, mas estudada e compreendida as razões do jovem cientista ter adentrado num campo tão difícil como é o da Física Quântica.

leandrobertoldo@ig.com.br

Capítulo 1
Noção Geral de Fotodinâmica

1. Introdução

Nesta breve introdução geral à Ciência da Fotodinâmica discutirei seu campo de estudo e suas principais divisões.

No estudo da Fotodinâmica proponho analisar os movimentos das cargas radiantes individuais e em conjunto, bem como as respectivas conseqüências de caráter fotodinâmico provocadas sobre corpos materiais e espaços vizinhos, radiantemente carregados ou não. A princípio iniciarei o estudo da Monofotodinâmica, analisando teoricamente o comportamento das cargas radiantes do fóton individual. Também vou procurar apresentar uma série de leis que procuram desvendar a estrutura dos fótons. Conceituarei campo e freqüência radiante.

2. Divisão do Estudo da Fotodinâmica

Quando criei a ciência da Fotodinâmica, procurei dividi-la didaticamente em duas grandes partes, a saber:

A) MONOFOTODINÂMICA
Nesta parte procurei estudar os fótons individuais.

B) POLIFOTODINÂMICA
Nesta parte procuro desenvolver o estudo do comportamento dos fótons em conjunto.

TEORIA FOTODINÂMICA
Leandro Bertoldo

Capítulo 2
Monofotodinâmica

1. Introdução

A parte da Fotodinâmica que estuda os fótons individualmente é denominada por Monofotodinâmica.

Nesta parte procuro examinar os fótons sob o aspecto dinâmico.

Em Fotodinâmica, defino o fóton como o agente físico manifestado pela radiação eletromagnética oriunda de qualquer fonte.

A Fotodinâmica apóia-se fundamentalmente em princípios tão elementares que já eram compreendidos por Isaac Newton ha mais ou menos três séculos, muito embora somente no século XX, Planck e Einstein a tenham desenvolvido sob o aspecto eminentemente matemático.

Para estudar a Fotodinâmica é necessário que se estabeleça algumas definições fundamentais para uma perfeita compreensão do assunto.

2. Fótons

As partículas de radiação eletromagnética foram denominadas por fótons.

3. Quantum

A energia de cada fóton é denominada por "quantum" que no plural se escreve "quanta".

4. Estado Discreto

Refere-se às grandezas físicas envolvidas individualmente ao fóton.

5. Grandezas Elementares

São grandezas físicas de menores graus em valor absoluto.

6. Grandezas Quantizadas

Refere-se aos fenômenos, pelo qual uma grandeza física não varia de maneira contínua; mas, em quantidade múltiplas de uma elementar.

Capítulo 3
Noções Gerais de Carga Radiante

1. Introdução

Toda Ciência apresenta conceitos impossíveis de serem definidos, mas dos quais se tem uma larga noção. Assim, por exemplo, em geometria não se define o ponto. No entanto, a geometria Euclidiana se fundamenta no estudo das propriedades do ponto. Em Fotodinâmica, não procurei definir "carga radiante", pois a considero um conceito primitivo.

Apesar dessa indefinição, pode-se medir e estudar as propriedades da carga radiante.

As cargas a que me refiro estão diretamente associadas aos fótons, que por sua vez são concentrações muito pequenas de energia, cuja existência pode ser constatada através dos efeitos de sua interação com a matéria.

Quando uma superfície é submetida a um bombardeio de fótons, pode-se considerar uma variação na quantidade de carga radiante nessa superfície.

A carga radiante que compõe a radiação eletromagnética não varia continuamente, mas sim, em quantidades múltiplas da carga de um fóton, à qual denominarei por "carga radiante elementar". Por essa razão, afirmo que a radiação é quantizada, isto é, varia em "quantum" (quantidades iguais à carga radiante elementar). Costumo designar a carga radiante elementar por (h).

Até o fim do século XIX, a energia da radiação eletromagnética era considerada como um fluído contínuo, uma idéia que foi proveitosa para muitas aplicações.

TEORIA FOTODINÂMICA
Leandro Bertoldo

Entretanto, experiências realizadas no início do século XX, mostraram abundantemente que o suposto "fluído radiante" não é contínuo, mas constituído de um múltiplo inteiro de uma certa quantidade mínima de carga radiante. Esta carga fundamental, para a qual dei o símbolo (**h**), vale $6,62.10^{-34}$ Planck.

Qualquer quantidade de carga radiante (ΔQ), existente na natureza, não importando qual possa ser a sua origem, pode ser escrita como (**n . h**), onde (**n**) corresponde simbolicamente a um número inteiro positivo.

Quando uma grandeza física, como é o caso dessa carga, existe em "porções" discretas em vez de variar continuamente, diz-se então que ela é "quantizada". Todas as grandezas físicas envolvidas nessa carga radiante elementar são quantizadas. Desse modo, mais tarde demonstrarei que várias outras grandezas como por exemplo, quantidade de movimento ou a energia também se apresentam sob forma quantizada, quando examinadas dentro da escala das dimensões microscópicas.

O "quantum" da carga radiante é tão pequeno que a natureza granular da radiação não se manifesta em experiências macroscópicas.

2. Observações Importantes

a) A carga do fóton é o menor valor de carga radiante conhecido até os dias de hoje, por esse motivo a denominei por carga elementar (**h**) da radiação. Seu valor pode ser determinado a partir da experiência de Millikan.

b) Observe que a carga total (ΔQ) é descontínua, pois é um múltiplo inteiro da carga radiante elementar, daí dizer que a carga radiante é quantizada; ou seja, só existe em múltiplos inteiros da carga elementar.

c) A menor carga radiante encontrada na natureza é a carga de um fóton.

$$h = 6,62 \, . \, 10^{-34} \text{ Planck}$$

d) Sendo (**n**) o número de fótons, então numa radiação eletromagnética, sua carga radiante, considerada em valor absoluto, é dada por:

$$\Delta Q = n \, . \, h$$

Onde com o símbolo (**h**) estou representando a carga radiante elementar. Desse modo, observe novamente que a carga radiante não existe em quantidades contínuas, mas sim múltiplas da carga elementar.

3. Unidade de Carga Radiante

Toda carga radiante que existe é sempre um múltiplo inteiro da carga elementar, já que frações destas não são encontradas na natureza. Assim, de um modo lógico, quando se raciocina em termos de uma unidade de carga, pode imediatamente parecer adequado adotar uma carga elementar como unidade. Entretanto, tal fato não parece possível em uma grande parte dos fenômenos de radiação eletromagnética, tendo em vista que a carga radiante elementar é uma quantidade muito pequena em relação àquela que comumente utiliza-se, o que a torna inadequada na prática. Proponho então como unidade de carga radiante o PLANCK (**p**) como uma nova unidade a ser definida no Sistema Internacional (S.I.). Essa unidade será usada em meu estudo de Fotodinâmica.

TEORIA FOTODINÂMICA
Leandro Bertoldo

Defino 1 Planck (**1p**) como a quantidade de carga radiante (quantidade de radiação) que atravessa, durante um segundo, uma área plana de secção transversal qualquer localizada no vácuo, a uma radiação de intensidade invariável e igual a 1 Maxwell.

De acordo com a definição de unidade Planck (**p**), a carga radiante elementar (h) vale:

$$h = 6,62 \cdot 10^{-34} \text{ p}$$

Sabendo-se que as cargas radiantes associadas aos fótons de qualquer radiação eletromagnética são absolutas e valem (**h = 6,62 . 10^{-34} p**), pergunto então:

– Quantos fótons são absolutamente necessários para totalizar-se uma carga de (**1p**)?

Logo, conclui-se que esse valor pode ser estabelecido por regra de três simples e direta.

$$1 \text{ fóton} = 6,62 \cdot 10^{-34} \text{ p}$$
$$n \text{ fótons} = 1p$$

Portanto vem que:

$$n = 1/(6,62 \cdot 10^{-34}) \text{ fótons}$$

Logo, (**n = 1,5106. 10^{33}**) fótons, isto é, um Planck (**1p**) é a carga correspondente a (**1,5106. 10^{33} fótons**).

4. Distribuições de Cargas

Quando uma radiação atinge uma superfície qualquer, verifica-se que os fótons que compõem essa radiação estão uniformemente distribuídos (supondo-os não concentrados em um ponto único da radiação).

Então considerando uma radiação localizada em qualquer ponto do espaço, a distribuição dos fótons nessa radiação pode ser feita em termos lineares, superficiais ou ainda volumétricos. Naturalmente, uma distribuição linear se faz através de uma linha reta; já uma distribuição superficial pode ser verificada sobre uma superfície qualquer; finalmente uma distribuição volumétrica é verificada pelo volume total da radiação. Por exemplo, cito o volume total de uma radiação (nuvem) que se propaga pelo espaço.

Fixarei meu estudo fundamentalmente nas distribuições superficiais de cargas radiantes; pois esse conceito será largamente utilizado ao considerar a distribuição de fótons que atingem uma superfície metálica. É evidente que a distribuição de cargas radiantes que atingem a superfície de um corpo não precisa necessariamente ser feita por igual; ou seja, uniformemente. Dessa forma, para definir a distribuição de fótons que atingem uma superfície ou que estão localizados numa região da radiação, de carga radiante (σ), que nada mais é do que a quantidade de carga radiante por unidade de área.

Tomarei então uma pequena área (ΔS) (elemento de área), ao redor de um ponto (**p**) qualquer da superfície do corpo. Considere que nesse elemento de área (ΔS) exista uma carga (ΔQ) radiante atingindo-a

Dessa forma, a densidade superficial de carga radiante (σ), que atinge uma determinada superfície (ΔS) será igual ao quociente da variação da carga radiante, inversa pela variação de superfície.

Simbolicamente, o referido enunciado é expresso por:

$$\sigma = \Delta Q / \Delta S$$

Quando a densidade superficial de carga radiante é constante em todos os elementos de superfície, digo que se trata de uma distribuição uniforme de fótons na radiação; pode-se, então, com maior facilidade, obter o valor da referida densidade em qualquer elemento ($\sigma \equiv$ **constante**) dividindo a carga superficial total que atinge a referida superfície pela área dessa superfície.

Até o presente estágio de meu estudo, tenho considerado os fótons que atingem uma superfície e, portanto a densidade de distribuição de fótons nessa superfície.

No entanto e possível definir a densidade da própria radiação.

Basta então considerar uma radiação eletromagnética se propagando no espaço.

Em casos em que os fótons que compõem a radiação estão uniformemente distribuídos a densidade dessa radiação é uniforme.

Desse modo, afirmo que a densidade de uma radiação eletromagnética é igual ao quociente da variação de cargas radiante, inversa pelo volume assumido pela radiação considerada.

O referido enunciado é expresso simbolicamente pela seguinte relação:

$$\mu = \Delta Q / \Delta V$$

A densidade da radiação volumétrica em um ponto (p) é expressa por:

$$\mu \text{ em } p = \lim_{\Delta V \to 0} \Delta Q / \Delta V$$

5. Unidades de Densidades de Radiação

As densidades de radiações são expressas em unidades de carga radiante por unidades de área, volume ou comprimento – conforme se trate de densidade superficial da radiação, densidade volumétrica ou linear, respectivamente.

Tem-se então que:

DENSIDADE RADIANTE	SISTEMA MKS
Linear	p/m
Superficial	p/m^2
Volumétrica	p/m^3

6. Radiação

Quando os fótons se deslocam no espaço eles constituem uma "radiação eletromagnética".

Esses fótons estão associados a ondas eletromagnéticas.

A condição necessária e fundamental para que entre dois pontos do espaço exista uma radiação é que os referidos pontos estejam a uma freqüência.

7. Radiador

Como afirmei, para estabelecer a freqüência entre dois pontos no espaço, deve haver, logicamente, um mecanismo especial. Este mecanismo se denomina RADIADOR.

8. Efeitos da Radiação Eletromagnética

Quando uma radiação eletromagnética atinge um corpo qualquer, ela pode acarretar diferentes efeitos, dependendo evidentemente da sua intensidade e da natureza do corpo em que está ocorrendo a referida interação. Costumo dizer que a radiação eletromagnética apresenta seis efeitos fundamentais:

A) *Efeito Térmico*

O efeito térmico também é conhecido como "efeito Newton", verifica-se pelo aquecimento da matéria, quando a mesma é submetida a uma determinada radiação eletromagnética.

O efeito Newton é causado pelo choque dos fótons da radiação contra os elétrons e os átomos da matéria. Ao receberem energia, os átomos presos em sua estrutura cristalina vibram mais intensamente. Quanto maior for a vibração dos átomos, maior será a temperatura alcançada pela matéria. Nestas condições, observa-se externamente, o aquecimento da matéria. Este efeito é muito aplicado nos aquecedores solares.

B) *Efeito Químico*

Trata-se de transformações químicas provocadas pela radiação eletromagnética ao atravessar uma solução. Ou seja, esse efeito corresponde a certas reações químicas que ocorrem, quando a radiação eletromagnética atravessa as soluções radiolíticas. Apresenta uma grande aplicação em um largo campo da química em geral.

C) *Efeito Foto - Elétrico*

É conhecido também como "efeito hertz". Quando uma radiação eletromagnética incide sobre a superfície de um metal, elétrons podem ser expulsos dessa superfície.

Este fenômeno foi descoberto por Hertz em 1887, por essa razão a denominação "efeito hertz" em sua homenagem.

D) *Efeito Luminoso*

Trata-se da luminosidade que ocorre na radiação eletromagnética numa dada freqüência. O comprimento de onde em torno de 10^{-6}m, atua sobre a retina, provocando a sensação da visão.

E) *Efeito Fisiológico*

O efeito fisiológico corresponde à passagem da radiação eletromagnética por organismos vivos. A radiação eletromagnética tem ação sobre todos os tecidos e em particular atua diretamente sobre células nervosas e nervos.

Uma determinada intensidade de radiação eletromagnética pode provocar queimaduras gravíssimas.

O metabolismo também sofre uma grande influência da radiação eletromagnética.

Pode ainda provocar o aparecimento de uma série de doenças graves.

F) *Efeito Compton*

O efeito Compton demonstra a natureza corpuscular da radiação eletromagnética. Este fenômeno foi verificado em 1923 pelas célebres experiências de Compton. Entre todas as radiações conhecidas, os raios X apresentam propriedades corpusculares mais evidentes.

TEORIA FOTODINÂMICA
Leandro Bertoldo

9. Freqüência

Como foi dito, as cargas radiantes se movimentam constituindo a radiação entre dois pontos do espaço.

Logicamente, entre esses pontos deve haver uma freqüência, que é em Fotodinâmica o verdadeiro fator responsável pelo deslocamento das cargas radiantes.

Então, devido a grande importância dada à freqüência na compreensão da Fotodinâmica, nada mais evidente do que estudá-la.

Um fenômeno qualquer é "periódico" quando o mesmo se repete de forma idêntica em intervalos de tempos iguais. Portanto, o "período" é o intervalo de tempo da repetição de um fenômeno. Costuma-se representar o período pela letra maiúscula (**T**).

Portanto em fenômenos periódicos, chama-se período o intervalo de tempo decorrido para o referido fenômeno completar um ciclo.

Nos fenômenos periódicos, além de período (**T**), considera-se uma outra grandeza: a "freqüência". Ela é representada pela letra minúscula (**f**). Chama-se freqüência (**f**) o número de vezes que o fenômeno se repete na unidade de tempo.

Desse modo a freqüência nada mais é do que o número de ciclos realizadas numa unidade de tempo qualquer.

Vou procurar demonstrar que o período (**T**) e a freqüência (**f**) relacionam-se. Para isso vou propor os seguintes postulados:

Primeiro Postulado

O período (**T**) é o intervalo de tempo decorrido para o fenômeno se repetir. Cada repetição é denominada por ciclo. Então em termos matemáticos o período é igual ao quociente da variação de tempo (**Δt**) decorrido no processamento dos ciclos do fenômeno periódico considerado, inverso pelo número de ciclos ocorridos durante esse intervalo de tempo.

Simbolicamente o referido enunciado é expresso pela seguinte relação:

$$T = \Delta t / \Delta \eta$$

Portanto, pode-se observar que o período nada mais é do que o intervalo de tempo decorrido em cada ciclo.

As unidades de período são as de tempo: segundo (**s**); hora (**h**); minuto (**min**) etc.

Segundo Postulado

A freqüência (**f**) é o número de vezes que o fenômeno ocorre na unidade de tempo. Logo em termos matemáticos, posso afirmar que a freqüência é igual ao quociente do número de ciclos periódicos do fenômeno considerado inverso pela variação de tempo decorrido no processamento do referido fenômeno.

Em termos simbólicos, o referido enunciado é expresso pela seguinte relação:

$$f = \Delta \eta / \Delta t$$

Logo, pode-se observar que a freqüência nada mais é do que o número de ciclos na unidade de tempo considerada.

Último Postulado

Através dos dois primeiros postulados passarei a demonstrar que a freqüência e o período são relações inversas; ou seja, conhecido o período determina-se a freqüência e vice-versa.

Multiplicando-se as duas últimas expressões resulta que:

$$T \cdot f = \Delta t \cdot \Delta\eta/\Delta\eta \cdot \Delta t$$

Eliminando os termos em evidência, resulta na seguinte expressão:

$$T \cdot f = 1$$

Ou, se expressa que:

$$f = 1/T$$

Isso permite afirmar que a freqüência é o inverso do período.

10. Unidade de Freqüência

As unidades de freqüência são: voltas/tempo; rotações por minuto, ou de forma genérica: é o número de ciclos por unidade de tempo.

A unidade de freqüência no Sistema Internacional (S.I.) (ciclos por segundo) é denominada por hertz e abrevia-se (Hz).

Desse modo, conclui-se que:

$$1 \text{ ciclo por segundo} = 1 \text{ Hertz} = 1 \text{ Hz}$$

O quilohertz, abreviado por (kHz) corresponde:

1KHZ = 1000 HZ

Heinrich Rudolf Hertz (1857-1894) foi um dos grandes físicos alemães do século XIX. Ele iniciou o estudo experimental da radiação eletromagnética e comprovou a teoria de Maxwell. Em seus estudos acidentalmente ele observou o célebre efeito foto-elétrico. A unidade de freqüência denomina-se Hertz em sua homenagem.

TEORIA FOTODINÂMICA
Leandro Bertoldo

Capítulo 4
Ondas Eletromagnéticas

1. Introdução

Entre as várias produções científicas realizadas no século XIX, está a descoberta teórica das propriedades das ondas eletromagnéticas. Estas ondas somente puderam ser verificadas experimentalmente somente após as publicações das célebres hipóteses de James Clerk Maxwell (1831-1879) sobre a natureza fundamental dos campos magnéticos e elétricos.

Com suas famosas hipóteses publicadas em (1861 e 1862), Maxwell conseguiu generalizar matematicamente os princípios da Eletricidade. A verificação experimental de sua teoria tornou-se possível, quando se considerou um novo tipo de onda, as chamadas "ondas eletromagnéticas". Essas ondas aparecem como resultado de dois efeitos, que constantemente se adicionam em sua propagação pelo espaço:

a) Um campo magnético variável produz um campo elétrico;

b) Um campo elétrico variável produz um campo magnético.

Mais de vinte anos após a publicação das descobertas teóricas de Maxwell e muitos anos após sua morte, o físico alemão Heinrich Rudolf Hertz em 1888 apresentou à comunidade científica os resultados de suas pesquisas. Ele havia inventando os emissores e detectores de ondas de rádio. Com esses instrumentos ele descobriu a produção e propagação das ondas eletromagnéticas bem como a maneira de controlar sua freqüência. Pela primeira vez foi demonstrada a existência de ondas eletromagnéticas e, portanto, comprovando a veracidade da teoria de Maxwell.

Como os fótons em movimento causam o aparecimento das radiações eletromagnéticas. E como cada fóton está diretamente associado a uma onda; então, devido a esses fatos, vou procurar iniciar o estudo das ondas, analisando seus conceitos básicos e fundamentais no desenvolvimento da Fotodinâmica.

2. Conceito de Onda

Para apresentar o conceito de ondas, vou recorrer a uma clássica experiência, que é a seguinte: Ao atirar uma pedra nas águas calmas de um lago; o impacto da pedra contra a superfície da água gera o aparecimento de um relevo circular em torno de uma concavidade. O relevo denomina-se "crista" e a concavidade "vale".

Com a queda da pedra pode-se observar uma série de cristas e vales propagando-se pela superfície da água, como circunferências concêntricas com o ponto onde se origina a perturbação, possuem raios cada vez maiores; ou seja, afastam-se gradativamente desse ponto.

A série de cristas e vales constitui uma onda, propagando-se na superfície da água.

Uma característica comum a todas as ondas é a seguinte: "Toda e qualquer onda está associada a uma energia. Desse modo ela transfere energia de um ponto a outro, sem o transporte de matéria entre os pontos".

Uma outra experiência clássica para demonstrar a natureza das ondas é realizada com uma corda presa por uma de suas extremidades numa parede vertical.

Uma pessoa na outra extremidade ao sacudir bruscamente a corda para cima e em seguida para baixo, provoca neste ponto um abalo. Este movimento brusco origina uma sinuosidade que se propaga por toda a extensão da corda.

No referido exemplo, o abalo denomina-se "pulso" e o movimento do pulso constitui uma onda.

3. Natureza das Ondas

Quanto à sua natureza, as ondas se classificam em mecânicas e eletromagnéticas.

4. Ondas Mecânicas

As ondas mecânicas são aquelas originadas pela deformação de uma região de um meio elástico e que, para se propagarem necessitam de um meio material.

Portanto, conclui-se que as ondas mecânicas não se propagam no vácuo.

5. Ondas Eletromagnéticas

As ondas eletromagnéticas são aquelas originadas por cargas elétricas oscilantes. Elas não necessitam obrigatoriamente de um meio material para se propagarem, portanto, conclui-se que as ondas eletromagnéticas propagam-se no vácuo e nos meios materiais.

6. Classificação das Ondas

As ondas são classificadas em dois tipos, transversais e longitudinais, cujas características são as seguintes:

A. *Transversais*

São aquelas em que a direção de propagação da onda é perpendicular à direção de vibração. Por exemplo, as ondas que se propagam em uma corda e as ondas eletromagnéticas.

B. *Longitudinais*

São aquelas em que a direção de propagação da onda coincide com a direção de vibração. O som se propaga nos gases e nos líquidos através de ondas longitudinais.

7. Conceitos Fundamentais

Agora passarei a apresentar alguns conceitos fundamentais indispensáveis ao estudo das ondas eletromagnéticas.

A. *Período de uma onda*

É o tempo decorrido no processo de uma oscilação completa de um pulso.

B. *Freqüência de uma onda*

Corresponde ao número de oscilações efetuadas na unidade de tempo.

C. *Comprimento de onda*

Corresponde à distância que separa duas cristas consecutivas. Costuma-se representar o comprimento de onda pela letra grega (λ).

D. *Amplitude de uma onda*

É a distância entre a crista e a posição de equilíbrio. Costuma-se a representa a amplitude pela letra (**a**).

Considere o seguinte esquema que caracteriza matematicamente uma onda:

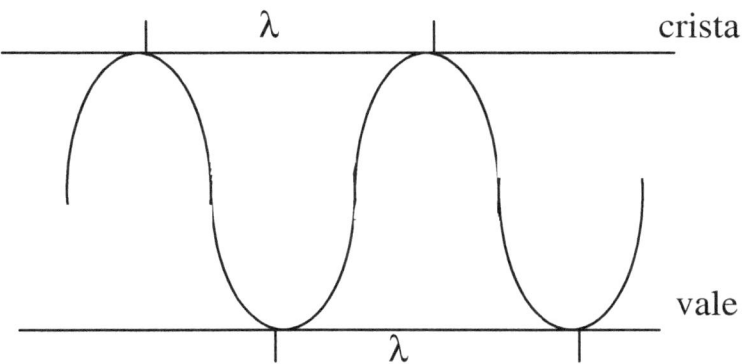

Observe que a distância entre duas cristas adjacentes ou entre dois vales adjacentes é sempre a mesma. Como disse anteriormente, é representada pela letra grega (λ) (lambda).

Portanto o comprimento de onda (λ) é a distância entre duas cristas ou dois vales consecutivos.

8. Ondas Periódicas

Quando um pulso segue o outro em uma sucessão regular tem-se uma onda periódica. Nas ondas periódicas, o formato das ondas individuais (pulsos) se repete em intervalos de tempos iguais.

Isso permite concluir que o tempo que ela leva para percorrer a distância (λ) é o período (T) que um ponto em seu meio leva para efetuar uma oscilação completa.

TEORIA FOTODINÂMICA
Leandro Bertoldo

Pela mecânica clássica, sabe-se que a velocidade de uma partícula em movimento retilíneo uniforme é igual ao quociente do espaço percorrido, inverso pela variação de tempo decorrido no deslocamento da referida partícula.

Simbolicamente, o referido enunciado é expresso pela seguinte relação:

$$V = \Delta x / \Delta t$$

Como toda onda periódica, como por exemplo a onda eletromagnética, apresenta um pulso que percorre a distância (λ) em um período (T). Portanto, a velocidade de propagação de um pulso qualquer é expresso pela seguinte relação:

$$c = \lambda / T$$

Logo, conclui-se que a velocidade de propagação de uma onda eletromagnética ou de qualquer outra onda é igual ao quociente do comprimento de onda, inversa pelo período de oscilação.

Porém, sabe-se que o período é igual ao inverso da freqüência.

O referido enunciado é expresso simbolicamente pela seguinte relação:

$$T = 1/f$$

Então substituindo convenientemente as duas últimas expressões, resulta que:

$$c = \lambda \cdot f$$

Assim, conclui-se que a velocidade de propagação de um pulso é igual ao comprimento de onda multiplicada pela freqüência de oscilação desse pulso.

De acordo com Maxwell a equação para a propagação de um pulso eletromagnético é expresso simbolicamente por:

$$c = \sqrt{1/\varepsilon_0 \cdot \mu_0}$$

Onde (ε_0) e (μ_0) são, respectivamente, a permitividade elétrica e a permeabilidade magnética do vácuo. Em unidades do Sistema Internacional:

$$\varepsilon_0 = 1/4\pi \cdot 9 \cdot 10^9$$

E,

$$\mu_0 = 4\pi \cdot 10^{-7}$$

Portanto, de acordo com essa expressão conclui-se que a velocidade da radiação eletromagnética no vácuo é constante.

TEORIA FOTODINÂMICA
Leandro Bertoldo

Capítulo 5
Força Discreta do Fóton

1. Introdução

Em 1923 Arthur Holly Compton (1892-1962) demonstrou experimentalmente que os fótons que compõem uma radiação eletromagnética apresentam uma quantidade de movimento discreto.

Em 1905 Albert Einstein (1879-1955) formulou uma teoria na qual propunha que os fótons de uma radiação ao incidir sobre a superfície de um metal, arrancam elétrons dessa superfície.

Em 1914 Robert Andrews Millikan (1868-1953) demonstrou experimentalmente a Teoria de Einstein.

Um outro fenômeno que mostra a quantidade de movimento associada ao fóton é a chamada "pressão de radiação" que consiste na transmissão de movimento a um corpo por ação de um feixe de raios.

Além desses fenômenos, muitos outros não encontrariam explicação sem considerar que os fótons apresentam uma quantidade de movimento.

Destarte, proponho que os fótons de uma radiação eletromagnética, por estarem associados a uma quantidade de movimento, apresentam uma intensidade de força discreta e particular. Evidentemente trata-se de uma força de origem eletromagnética.

O conceito de quantidade de movimento é muito útil para demonstrar situações em que a força associada ao fóton atua num intervalo de tempo muito pequeno.

Somente uma força é capaz de realizar um trabalho mecânico quando desloca seu ponto de aplicação. Isto é demonstrado pela função trabalho no efeito hertz.

A natureza da força associada ao fóton pertence à categoria de contacto. Essa força é revelada quando o fóton interage em contato com a matéria.

Tudo isso demonstra que o fóton está associado diretamente a uma intensidade de força eletromagnética, quantizada em cada fóton que compõe a radiação eletromagnética. O fóton é altamente energético e esta energia não teria significado físico se o fóton não fosse capaz de realizar um trabalho. O trabalho é realizado sempre por uma força; logo o fóton apresenta uma intensidade discreta de força.

2. Força Conservativa do Fóton

A força conservativa é aquela cuja reação realiza um trabalho que pode ser recuperado. Por exemplo, quando o pulso eletromagnético associado ao fóton completa o seu ciclo, a força que tende a fazê-lo voltar ao estado anterior é uma força conservativa.

Portanto, por intermédio dessa força conservativa, um pulso eletromagnético se propaga pelo espaço através da mútua formação de campos elétricos e magnéticos variáveis. A reação à força conservativa fornece energia ao fóton ou pulso.

Somando-se os trabalhos realizados na ida e na volta ao processamento anterior por uma força conservativa, obtém-se um valor igual a zero.

3. Carga Radiante Puntiforme

Carga radiante puntiforme é toda carga radiante cujas dimensões possam ser considerada desprezíveis em relação ao comprimento de onda ao qual está associada.

4. Lei de Leandro

O estudo de Fotodinâmica se baseia em grande parte no conceito de força transportada discretamente pelo fóton.

As radiações eletromagnéticas são constituídas por concentrações elementares de energia como o fóton que apresenta uma carga radiante. A carga radiante ao interagir com a matéria mostra que o fóton transporta discretamente uma intensidade de força de origem eletromagnética.

Com o decorrer do desenvolvimento da minha fotodinâmica, demonstrarei que a intensidade de força discreta transportada pelo fóton no vácuo, depende do comprimento de onda do pulso eletromagnético e do valor da carga radiante ao qual está associado.

A influência destes fatores será verificada, nos capítulos que se seguirão, através de uma série de cuidadosas demonstrações matemáticas.

Por enquanto basta saber que a intensidade da força discreta associada ao fóton é diretamente proporcional ao quadrado da carga radiante elementar e inversamente proporcional ao quadrado do comprimento de onda associado ao pulso eletromagnético.

Este enunciado é conhecido como "Lei de Leandro". E permite escrever simbolicamente que:

$$F = \varphi \cdot h^2/\lambda^2$$

Onde (φ) é uma constante igual a ($\mathbf{4{,}5317 \cdot 10^{41}}$) SI (vácuo) denominada por constante de Leandro.

Devo observar que a unidade adotada pertence ao Sistema Internacional de Unidades (SI).

De acordo com a fórmula de Leandro:

$$F = \varphi \cdot h^2/\lambda^2$$

Então vem que:

$$\varphi = F \cdot \lambda^2/h^2$$

Daí (φ) no S.I. apresenta a seguinte dimensão:

$$\textbf{Newton} \cdot \textbf{(metro)}^2/\textbf{(Planck)}^2 = \textbf{N} \cdot \textbf{m}^2/\textbf{p}^2$$

Logo, conclui-se que:

$$\varphi = 4{,}5317 \cdot 10^{41} \, \textbf{N} \cdot \textbf{m}^2/\textbf{p}^2$$

Capítulo 6
Campo Eletromagnético

1. Introdução

No presente capítulo procurarei apresentar o conceito de campo eletromagnético e analisarei aquele que é originado por uma carga radiante individual. Também apresentarei o conceito de campo eletromagnético uniforme de uma radiação.

2. Conceito de Campo Eletromagnético

Uma onda eletromagnética ou uma distribuição de ondas eletromagnéticas modifica, de alguma forma, a região que envolve um fóton de carga radiante (**h**) ao qual está associada, de modo que é constatada a existência de uma força (**F**), de origem eletromagnética agindo em (**h**).

Isto é evidente; pois, de acordo com Maxwell, se em um ponto (**p**) qualquer no espaço, produzir um campo elétrico variável ($\uparrow$**E**), ele induzirá um campo magnético ($\uparrow$**B**) variável com o tempo. Além disso, o vetor ($\uparrow$**B**) variável induzirá um vetor ($\uparrow$**E**), que também varia com o decorrer do tempo. Esta indução recíproca de campos magnéticos e elétricos, torna possível a propagação desta seqüência de induções através do espaço.

Nesse caso, digo que a onda origina um campo eletromagnético o qual age sobre (**h**). Assim, o campo eletromagnético desempenha o papel de transmissor de interações eletromagnéticas.

Esse campo eletromagnético associado ao fóton é interno e nisto difere dos demais.

O referido conceito pode ser facilmente entendido, considerando que o fóton é composto internamente por um campo elétrico ($\uparrow$E) e um campo magnético ($\uparrow$B), o qual pode ser chamado de campo eletromagnético ($\uparrow$e).

Esse fator campo é caracterizado pela seguinte relação:

$$\uparrow e = \uparrow F/h$$

Isso permite afirmar que a intensidade de um campo eletromagnético é igual ao quociente da intensidade de força discreta transportada pelo fóton, inversa pelo valor da carga radiante.

Na referida expressão, no caso do campo eletromagnético característico do fóton, a intensidade de força ($\uparrow$F) que atua na carga radiante (**h**) é caracterizada pela presença de dois fatores fundamentais:

A) *Fator Escalar*

O fator escalar (**h**) somente depende da carga onde a intensidade de força se manifesta. Portanto é uma característica geral de toda radiação eletromagnética.

B) *Fator Vetorial*

O fator vetorial ($\uparrow$e) exprime a ação de quem é responsável pelo aparecimento de tal força associada ao fóton.

Este fator vetorial é representa do por ($\uparrow$e). É essa grandeza que muitas vezes tomo a seguir sob a denominação de "vetor campo eletromagnético" ou "intensidade de campo eletromagnético" do fóton.

Portanto, posso finalmente escrever que:

$$\uparrow F = h \cdot \uparrow e$$

Onde (**h**) é uma grandeza escalar, característica de qualquer radiação eletromagnética e ($\uparrow$**e**) uma grandeza vetorial, ou seja, o vetor campo eletromagnético, cuja intensidade depende do comprimento de onda ao qual a carga está associada. A cada ponto de uma radiação eletromagnética associa-se um vetor campo, e, cujo módulo representa a intensidade do campo no ponto.

Portanto, em cada fóton de uma radiação eletromagnética associa-se um vetor ($\uparrow$**e**).

Com relação a última expressão posso afirmar que a intensidade de força associada discretamente ao fóton é igual a carga radiante em produto com a intensidade de campo eletromagnético.

Em termos barrocos posso também afirmar que a força associada ao fóton é a medida da mesma, oriunda conjuntamente da sua carga radiante e campo eletromagnético, e, por conseguinte, em um campo eletromagnético duplo em intensidade essa força é dupla em intensidade, enquanto que a carga radiante é sempre a mesma para qualquer radiação eletromagnética.

Da definição do produto de um número real por um vetor posso concluir que:

Sempre (**h** > 0), portanto resulta que ($\uparrow$**F**) e ($\uparrow$**e**) têm mesma direção e mesmo sentido.

Desse modo, a radiação eletromagnética se propaga em sentido perfeitamente determinado.

Devo chamar a atenção para mostrar que ($\uparrow$**F**) e ($\uparrow$**e**) são grandezas físicas diferentes, ainda que sejam grandezas vetoriais: ($\uparrow$**F**) corresponde à intensidade de força discreta associada ao fóton e ($\uparrow$**e**) corresponde ao vetor campo eletromagnético.

Simplificadamente, as características do vetor campo eletromagnético, seriam:

TEORIA FOTODINÂMICA
Leandro Bertoldo

1º) *Intensidade*: expressa pelo quociente (**F/h**)
2º) *Direção*: É a mesma de (↑**F**)
3º) *Sentido*: O mesmo da direção, pois (**h>0**).

3. Unidade de Intensidade de Campo Eletromagnético

De (↑**F** = **h** . ↑**e**) (notação vetorial) vem que (**F** = **h** . **e**) (em módulo). Portanto posso escrever que:

$$e = F/h$$

Logo posso afirmar que:

Unidade de intensidade de campo eletromagnético = unidade de intensidade de força / unidade de carga radiante

No Sistema Internacional de Unidade (SI), poderia ser adotado:

1 unidade de e = 1 Newton/Planck = 1 N/p

Assim posso afirmar que ao analisar a expressão que define a intensidade de campo eletromagnético do fóton pode-se deduzir a unidade desse campo no SI. Portanto, a unidade de (**e**) é o Newton por Planck (**N/p**).

Mais adiante, quando passarei a estudar a freqüência de um pulso eletromagnético estabelecerei a seguinte equivalência:

1 N/p = 1 Hz/m (1 Hertz por metro)

Destarte posso estabelecer a seguinte definição:

"1 Hertz por metro (Hz/m) é a intensidade de um campo eletromagnético de uma radiação uniforme e invariável, na qual se verifica a freqüência igual a 1 Hz, entre os extremos de um pulso eletromagnético com comprimento de onda igual a 1 metro, na direção do campo".

4. Campo Eletromagnético de um Fóton

Vou procurar determinar as características do vetor campo eletromagnético "↑e" de um fóton individual, devido a uma carga radiante puntiforme "h" no vácuo.

A) *Intensidade:*

Para estabelecer a expressão matemática através da qual poderei calcular o módulo do vetor campo eletromagnético utilizarei a expressão ($e = F/h$), que dá origem à definição desse vetor, e a expressão da Lei de Leandro estabelecida no capítulo anterior.

Todo e qualquer fóton está sujeito a uma força de intensidade: ($F = h.e$).

De acordo com a Lei de Leandro: $F = \varphi . h^2/\lambda^2$.

A intensidade de força verificada em ambos casos é a mesma; logo, substituindo convenientemente as duas últimas expressões, resulta que:

$$h . e = \varphi . h^2/\lambda^2$$

Eliminando-se os termos em evidência, resulta que:

$$e = \varphi . h/\lambda^2$$

Desse modo posso afirmar que a intensidade de um campo eletromagnético é igual a constante de Leandro em produto com a carga radiante, e inversa pelo quadrado do comprimento de onda ao qual o fóton esta associado.

O gráfico de (**e**), em função de (λ), é uma curva denominada por "hipérbole cúbica".

B) *Direção:*
A direção do vetor campo eletromagnético é o mesmo da força ($\uparrow$**F**).

C) *Sentido:*
Como (**h > 0**) , segue-se que "$\uparrow$**e**" tem o mesmo sentido de ($\uparrow$**F**).

5. Campo Eletromagnético Oriundo de Vários Fótons

Nos itens anteriores procurei analisar o vetor campo oriundo de um único fóton. Agora vou estudar o vetor campo eletromagnético produzido por mais de um fóton.

Considerarei diversos fótons (h_1, h_2, ... h_n) e determinarei o vetor campo eletromagnético de cada um desses fótons.

Cada um desses fótons apresenta independentemente um vetor campo eletromagnético ($\uparrow e_1$, $\uparrow e_2$, ... $\uparrow e_n$). Desse modo concluí-se que:

"O vetor campo eletromagnético "$\uparrow$**e**" resultante num único ponto (**p**), onde os fótons oscilam mutuamente, devido a várias cargas (h_1, h_2, ... h_n), é a soma vetorial dos vetores campo ($\uparrow e_1$, $\uparrow e_2$, ... $\uparrow e_n$), onde cada vetor parcial é determinado como se o fóton respectivo estivesse isolado".

$$\uparrow e = \uparrow e_1 + \uparrow e_2 + ... + \uparrow e_n$$

A cada fóton de uma radiação eletromagnética associa-se um vetor ($\uparrow$e) campo discreto.

A representação gráfica de um campo eletromagnético é feita, considerando-se um número convenientemente de vetores (↑**e**).

Portanto, em um único ponto, o vetor campo eletromagnético nada mais é do que a soma vetorial dos vetores campo eletromagnéticos parciais criados independentemente no ponto considerado.

6. Campo Eletromagnético Uniforme da Radiação

Em uma mesma freqüência a radiação eletromagnética é uniforme, de tal forma que o campo eletromagnético é uniforme.

Desse modo, nessa radiação o vetor (↑e) é o mesmo em todos os fótons que compõem a radiação eletromagnética.

Assim, em cada ponto (**p**) da radiação, o vetor (↑e), tem a mesma intensidade, a mesma direção e o mesmo sentido dos demais.

Portanto, uma radiação eletromagnética é dita uniforme quando o vetor campo eletromagnético é o mesmo, qualquer que seja o fóton considerado. (↑**e** ≡ **constante**). Evidentemente, se o vetor campo eletromagnético deve ser constante, também o devem ser seu módulo, sua direção e o seu sentido.

Genericamente, posso afirmar que: "Uma radiação eletromagnética é dita uniforme se apresentar, em todos os fótons que a compõe, um campo eletromagnético de mesmo módulo, direção e sentido".

Em outras palavras, uma radiação eletromagnética é uniforme se, em todos os fótons que compõem a referida radiação, o vetor campo eletromagnético for o mesmo.

Um campo deste é muito comum na natureza; um exemplo característico pode ser o raio x.

TEORIA FOTODINÂMICA
Leandro Bertoldo

Capítulo 7
Trabalho e Freqüência do Fóton

1. Introdução

No presente capítulo passarei a considerar a análise do trabalho discreto realizado pela intensidade de uma força associada ao fóton e conceituarei a freqüência do pulso eletromagnético. Mostrarei ainda que uma carga radiante apresenta uma energia discreta.

2. Trabalho Discreto Oriundo da Força Transportada pelo Fóton

Considere um fóton associado a um campo eletromagnético de intensidade ($\uparrow$e). Vou supor que uma carga radiante puntiforme (**h**) sofra um deslocamento de um ponto (**A**) para um ponto (**B**), ao longo de uma linha eletromagnética.

A intensidade da força associada discretamente a esse fóton é expressa por ($\uparrow$**F** = **h** . $\uparrow$**e**). Ela é, evidentemente, constante. Seja (**d**) o módulo da propagação retilínea **AB** e (**F** = **h** . **e**) a intensidade da força associada ao fóton. Da definição de trabalho realizado por uma intensidade de força constante e paralela ao deslocamento retilíneo resulta que:

$$_F\vartheta^B{}_A = F . d_{AB}$$

Porém, a intensidade de força que o fóton apresenta é absolutamente discreta e não contínua, como propõe a física clássica.

Assim, na fotodinâmica procurei utilizar a noção de trabalho, mas aqui, ele será realizado discretamente pelo fóton. Pois o mesmo, além de ser discreto, está associado diretamente a cada fóton de uma radiação eletromagnética qualquer.

Portanto, o trabalho discreto transportado e capaz de ser realizado pelo fóton é verificado por intermédio do comprimento de onda do pulso eletromagnético associado ao fóton.

Desse modo, o trabalho discreto oriundo de um fóton é expresso por:

$$_F\vartheta = F \cdot \lambda$$

Logo, posso afirmar que o trabalho associado discretamente a um fóton é igual à intensidade de força transportada por esse fóton em produto com o comprimento de onda do pulso eletromagnético associado ao fóton.

Em outros termos, o trabalho que caracteriza em termos discreto, um fóton é a medida do mesmo, provinda conjuntamente da intensidade de força e do comprimento de onda.

O trabalho do todo é a soma dos trabalhos de cada uma das partes, e, por conseguinte, numa intensidade de força dupla, com igual comprimento de onda, ele, é duplo, e num duplo comprimento de onda, é quádruplo.

Através dessa formula, posso afirmar que o trabalho é uma característica do fóton. Destarte, o trabalho realizado externamente pela força eletromagnética, no deslocamento (**AB**), será evidentemente nulo.

$$_F\vartheta^B_A = 0$$

O que acabei de afirmar é muito evidente, pois um fóton ao se deslocar pelo espaço, pode propagar qualquer distância, que o trabalho que transporta discretamente não sofre nenhuma influência dessa distância.

3. Trabalho e Campo Eletromagnético Discreto

Para calcular a intensidade de força (**F**) transportada discretamente por um fóton, tenho como dado o campo eletromagnético (e). Relembrando a definição de intensidade de campo eletromagnético; posso afirmar que:

"A intensidade do campo eletromagnético que caracteriza discretamente o fóton é igual ao quociente da intensidade de força transportada por esse fóton, inversa pela carga radiante elementar".

Simbolicamente, o referido enunciado é expresso pela seguinte relação:

$$e = F/h$$

Tive o prazer de demonstrar que o trabalho discreto transportado por um fóton é igual à intensidade de força associada a esse fóton em produto com o comprimento de onda do pulso eletromagnético que compõe o referido fóton.

O referido enunciado é expresso simbolicamente pela seguinte igualdade:

$$_F\vartheta = F \cdot \lambda$$

Substituindo convenientemente as duas últimas expressões, resulta que:

$$_F\vartheta = h \cdot e \cdot \lambda$$

TEORIA FOTODINÂMICA
Leandro Bertoldo

A dedução dessa nova expressão permite afirmar que o trabalho da força é igual a carga radiante multiplicada pelo campo eletromagnético em produto com o comprimento de onda do pulso eletromagnético que caracteriza o fóton.

Este trabalho discreto que pode ser realizado pela força associada ao fóton é positivo, portanto, recebe a denominação de "trabalho motor", pois a força está sempre a favor da propagação de fóton.

4. Trabalho e a Carga Radiante

Em capítulos anteriores demonstrei que a intensidade de um campo eletromagnético é igual a constante de Leandro multiplicada pela carga radiante do fóton, inversa pelo quadrado do comprimento de onda.

Simbolicamente, o referido enunciado é expresso pela seguinte relação:

$$e = \varphi \cdot h/\lambda^2$$

No item anterior demonstrei que o trabalho de uma força associada a um fóton é igual à intensidade do campo eletromagnético multiplicada pela carga radiante em produto com o comprimento de onda do pulso eletromagnético.

O referido enunciado é expresso simbolicamente por:

$$_F\vartheta = e \cdot h \cdot \lambda$$

Substituindo convenientemente as duas últimas expressões, vem que:

$$_F\vartheta = \varphi \cdot (h/\lambda^2) \cdot h \cdot \lambda$$

Logo, resulta que:

$$_F\vartheta = \varphi \cdot h^2/\lambda^2 \cdot \lambda$$

Eliminando os termos em evidência, resulta que:

$$_F\vartheta = \varphi \cdot h^2/\lambda$$

Assim, essa nova expressão me permite afirmar que: "O trabalho de uma força associada a um fóton é diretamente proporcional ao quadrado da carga radiante inversa pelo comprimento de onda do pulso eletromagnético característico do fóton".

Dessa forma, o trabalho elementar transportado pelo fóton independe dos pontos externos ao comprimento de onda do pulso eletromagnético associado ao referido fóton; da mesma forma poderei escolher quaisquer outros pontos intermediários, entre (**A**) e (**B**), definindo assim qualquer trajetória entre esses pontos, sem que haja alterações em termos do resultado final obtido. Portanto, o trabalho elementar transportado pelo fóton que pode ser realizado pela força sobre a carga radiante, no movimento desta entre o comprimento de onda do pulso eletromagnético independe da forma da trajetória descrita pela carga entre os pontos (**A**) e (**B**) de seu deslocamento, o que permite afirmar que essa força de origem eletromagnética é uma força discreta conservativa. Sei que a força eletromagnética que atua sobre a carga radiante associada ao fóton é devida ao campo eletromagnético que constitui internamente o fóton. Posso então afirmar que, como a força é conservativa, esse campo eletromagnético também é um campo conservativo discreto e, dessa forma, associar a ele os conceitos de energia potencial da radiação eletromagnética e de freqüência.

O cálculo do trabalho geralmente é mais complexo, porém ele conduz diretamente ao uso de uma nova grandeza, que em alguns casos substitui com vantagens o

TEORIA FOTODINÂMICA
Leandro Bertoldo

campo eletromagnético. Esta grandeza é a freqüência ao qual o fóton encontra-se diretamente associado.

5. Freqüência Eletromagnética

Sei que cada fóton de uma radiação eletromagnética está associado uma grandeza vetorial – o vetor campo eletromagnético – que analisei em capítulos anteriores. Porém, a cada fóton da radiação eletromagnética está também associada uma grandeza escalar, denominada por "freqüência eletromagnética do fóton".

Toda e qualquer grandeza escalar, para ficar perfeitamente definida, necessita obrigatoriamente ter um significado físico.

Vou procurar estudar a referida grandeza tomando um campo eletromagnético qualquer de carga radiante (**h**).

Demonstrei que a intensidade de um campo eletromagnético é igual a constante de Leandro multiplicada pela carga radiante, inversa pelo quadrado do comprimento de onda associado ao fóton.

Simbolicamente, o referido enunciado é expresso pela seguinte relação:

$$e = \varphi \cdot h/\lambda^2$$

Para facilitar consideravelmente a maioria dos cálculos é extremamente importante conhecer o produto da intensidade com campo eletromagnético pelo comprimento de onda: $e \cdot \lambda$. Então vem que:

$$e \cdot \lambda = \varphi \cdot h/\lambda^2 \cdot \lambda$$

Eliminando os termos em evidência, resulta que:

$$e \cdot \lambda = \varphi \cdot h/\lambda$$

Devo chamar a atenção que dado o valor da carga radiante (**h**) e o produto (**e** . λ) depende apenas do fóton que compõe a radiação eletromagnética; ou seja; o produto (**e** . λ) passa a ser uma função do fóton, assim como era o campo eletromagnético discreto que compunha o fóton. Portanto, a introdução dessa nova grandeza (**e** . λ) pode, em alguns casos, substituir o campo eletromagnético com uma longa vantagem. Devido à importância que dou ao presente fato, demonstrarei com o decorrer do presente tratado, que este produto corresponde a uma grandeza física denominada por "freqüência eletromagnética do fóton" e a representarei pela letra (**f**).

Portanto, pode-se concluir que:

$$f = e \cdot \lambda$$

Assim, posso afirmar que a freqüência do pulso eletromagnético de um fóton é igual à intensidade do campo eletromagnético do referido fóton em produto com o comprimento de onda do dito pulso eletromagnético.

Novamente, torno a chamar a atenção para mostrar que a freqüência eletromagnética do fóton é um número, e não um vetor; perceba que (e) é o módulo do campo eletromagnético do fóton, e que (λ) corresponde ao comprimento de onda do referido fóton.

Caso for analisado qualquer fóton de uma radiação eletromagnética uniforme, encontrar-se-á a mesma freqüência. Porém, se for considerar uma radiação eletromagnética variável, o significado físico seria o mesmo para todas as freqüências.

6. Expressões, da Freqüência de um Fóton da Radiação

De acordo com o que pude estabelecer até o presente momento, cada fóton da radiação eletromagnética é caracterizada por uma grandeza escalar individual denominada como freqüência eletromagnética do fóton. Como a carga radiante é positiva, a freqüência dos fótons que compõem a radiação eletromagnética será positiva e tanto maior quanto menor for o comprimento de onda associado ao fóton.

Por essa razão vou procurar estabelecer uma expressão que permita calcular a freqüência de cada fóton em função de seu comprimento de onda em relação à carga radiante que compõe o fóton.

Demonstrei que a intensidade de um campo eletromagnético que constitui um fóton é igual à constante de Leandro multiplicada pela carga radiante inversa pelo quadrado do comprimento de onda composto pelo fóton.

O referido enunciado é expresso simbolicamente pela seguinte relação:

$$e = \varphi \cdot h/\lambda^2$$

Demonstrei também que a freqüência eletromagnética do fóton é igual à intensidade do campo eletromagnético em produto com o comprimento de onda.

Simbolicamente, o referido enunciado é expresso por:

$$f = e \cdot \lambda$$

Substituindo convenientemente as duas últimas expressões, resulta que:

$$f/\lambda = \varphi \cdot h/\lambda^2$$

Eliminando os termos em evidência resulta que:

$$f = \varphi \cdot h/\lambda$$

Desse modo posso afirmar que a freqüência eletromagnética que caracteriza o fóton é igual à constante de Leandro multiplicada pela carga radiante, inversa pelo comprimento de onda.

Ressaltarei, novamente, que a freqüência eletromagnética do fóton é uma grandeza escalar a qual, é sempre positiva; pois, ($h > 0$).

A partir dessas informações é possível traçar um gráfico da freqüência eletromagnética do fóton (**f**) em função do comprimento de onda (λ). A curva descrita por esse gráfico é denominada por "hipérbole eqüilátera" e mostra perfeitamente que a freqüência descresse numa proporção inversa ao comprimento de onda.

7. Trabalho e Freqüência Associados ao Fóton

Vou procurar demonstrar que o trabalho que pode ser realizado pela força do campo eletromagnético de um fóton, pode ainda ser escrito de um modo mais simplificado do que aqueles que demonstrei na Fotodinâmica; ou seja:

Demonstrei que o trabalho de uma força discreta que caracteriza um fóton é igual à constante de Leandro multiplicada pelo quadrado da carga radiante inversa pelo comprimento de onda do pulso eletromagnético discreto associado ao fóton.

O referido enunciado é expresso simbolicamente pela seguinte relação:

$$_F\vartheta = \varphi \cdot h^2/\lambda$$

Por outro lado, no item anterior, mostrei que a freqüência eletromagnética do fóton é igual a constante de Leandro, multiplicada pela carga radiante, inversa pelo comprimento de onda do pulso eletromagnético.

Simbolicamente, o referido enunciado é expresso pela seguinte relação:

$$f = \varphi . h/\lambda$$

Substituindo convenientemente as duas últimas expressões, resulta que:

$$_F\vartheta = \varphi . h . h/\lambda$$

Assim, vem que:

$$_F\vartheta = h . f$$

Logo, posso afirmar que o trabalho de uma força transportada por um fóton é igual a carga radiante multiplicada pela freqüência eletromagnética do fóton.

8. Trabalho da Força Discreta de um Fóton Qualquer

Quando uma carga radiante (**h**) propaga-se de um ponto (**A**) para um ponto (**B**), o trabalho da força resultante, que age no fóton de carga radiante (**h**), não depende da forma da trajetória que liga o ponto (**A**) com o ponto (**B**), e nem depende dos pontos de partida (**A**) e de chegada (**B**). Esta conclusão é válida para qualquer fóton.

Desse modo, em uma radiação eletromagnética qualquer, o trabalho da intensidade de força discreta associada ao fóton é o mesmo, qualquer que seja a trajetória tomada na propagação do fóton.

O trabalho da intensidade de força discreta associada ao fóton, depende da carga radiante ($Q = n \cdot h$) e do comprimento de onda do pulso eletromagnético ao qual o fóton está associado.

Em uma radiação eletromagnética variando o número de carga radiante (**h**) entre os pontos (**A**) e (**B**), altera-se o trabalho ($_F\vartheta$) da intensidade de força discreta associada ao fóton. Porém, o quociente caracterizado por: $_F\vartheta/Q$ **ou** $_F\vartheta/h$ permanece constante e somente depende das condições eletromagnéticas do campo que forma a radiação eletromagnética.

A grandeza escalar caracterizado pela seguinte relação: $_F\vartheta/h$ é indicada pela letra (**f**) e é denominada por "freqüência eletromagnética do fóton" ou simplesmente "freqüência eletromagnética da radiação".

Logo, resulta que:

$$f = {}_F\vartheta/h$$

$$_F\vartheta = h \cdot f$$

Ou ainda:

$$_F\vartheta = Q \cdot f$$

9. Unidade de Freqüência Eletromagnética

Demonstrei que cada fóton de uma radiação eletromagnética tem associado a ele uma grandeza escalar denominada por "freqüência eletromagnética do fóton". Essa grandeza representa, numericamente, o trabalho realizado pela força originada pelo campo eletromagnético que constitui o fóton.

TEORIA FOTODINÂMICA
Leandro Bertoldo

Para determinar a unidade de freqüência eletromagnética do fóton, basta simplesmente analisar as grandezas envolvidas na seguinte expressão:

$$f = {}_F\vartheta/Q$$

Portanto, resulta que:

Unidade de freqüência = unidade de trabalho / unidade de carga

Espero que no Sistema Internacional de Unidades seja adotada a seguinte proposta. A unidade de trabalho é o Joule e a de carga radiante é o Planck. Logo resulta que:

Unidade de Freqüência = 1 Joule/Planck = 1 J/p

Assim, a unidade de freqüência eletromagnética será o Joule por Planck, ou seja, (**J/p**).

Em homenagem ao físico alemão Hertz, pode-se escrever que:

1 J/p = 1 Hertz = 1 Hz

10. Energia Discreta

As intensidades de forças, cujo trabalho não depende da forma da trajetória são chamadas por "forças conservativas". Essas forças são características da radiação eletromagnética.

O trabalho da força oriunda do campo eletromagnético discreto do fóton corresponde à energia potencial discreta eletromagnética desse campo distribuído no comprimento de onda do fóton.

TEORIA FOTODINÂMICA
Leandro Bertoldo

O conceito de energia potencial eletromagnética da radiação é um dos mais simples. Considerando um fóton se propagando num ponto qualquer do espaço, posso afirmar que, nessas condições, o referido fóton transporta uma dada intensidade de força. Essa força faz com que o fóton se propague exatamente na sua direção e no seu sentido. Portanto, posso afirmar que, o trabalho realizado pela força de origem eletromagnética (força de campo) sobre a carga radiante será sempre um "trabalho positivo"; isso, novamente, permite afirmar que, devido à espontaneidade observada na realização de um trabalho positivo, uma carga radiante sujeita à ação de um campo eletromagnético adquire uma energia potencial eletromagnética.

Passarei então ao cálculo da energia potencial discreta transportada pelo fóton.

Afirmei que as forças conservativas associam-se ao conceito de energia potencial. Assim, um fóton (**h**), emitido de um ponto (**A**) de um campo radiante, está sujeito a uma intensidade de força discreta (↑**F**) e propaga-se, espontaneamente, na direção e sentido da força. Nestas condições, força (↑**F**) é capaz de realizar um trabalho positivo que é transportado individualmente pelo fóton.

Pelo teorema da energia cinética, o trabalho da força é medido pela variação da energia cinética entre os pontos (**A**) e (**B**); então, posso escrever que:

$$_F\vartheta^B{}_A = W_{CB} - W_{CA} = 0$$

Logo, pode-se concluir que:

$$W_{CB} = W_{CA}$$

Isso permite afirmar que a energia de um fóton em qualquer ponto do espaço é sempre a mesma. Logo, posso afirmar que a mesma é discreta e característica do fóton.

Assim, vem que:

$$_F\vartheta = W_{CB} = W_{CA}$$

Deste modo, na posição (**A**) e na posição (**B**), a carga radiante (**h**) tem energia associada discretamente ao fóton. Esta energia discreta é quantizada, característica geral dos fótons que compõem qualquer radiação eletromagnética. É denominada por "energia potencial discreta da radiação". Portanto:

A energia radiante do fóton de carga (**h**), em qualquer ponto do espaço é igual ao trabalho da força associada discretamente aos fótons em qualquer ponto da radiação.

Simbolicamente, o referido enunciado é traduzido pela seguinte igualdade:

$$W = {}_F\vartheta$$

Porém, como:

$$_F\vartheta = Q \cdot f$$

Então, tem-se que:

$$W = Q \cdot f$$

Logo, posso concluir que a energia geral de uma radiação eletromagnética é igual à quantidade de carga radiante em produto com a freqüência da radiação.

Ou ainda, para cada fóton individual, posso escrever que:

$$_F\vartheta = h \cdot f$$

TEORIA FOTODINÂMICA
Leandro Bertoldo

Portanto, vem que:

$$W = h \cdot f$$

Isso me permite afirmar que a energia discreta transportada por um fóton é igual à sua carga radiante, multiplicada pela freqüência eletromagnética do fóton em discussão.

Os conceitos que estabeleci até o presente momento possibilitam afirmar que a energia radiante não é contínua, mas sim em porções descontínuas, cujos fótons transportam, cada qual, uma quantidade de energia (W) bem definida. A energia (W) de cada fóton é denominada por "quantum" que no plural se escreve "quanta".

A referida formula que traduz a energia de um fóton, foi deduzida a partir dos conceitos defendidos pela presente Teoria Fotodinâmica. A dita teoria é muito mais geral do que qualquer outra já estabelecida na Física Quântica.

A última formula também foi obtida por Max Planck em 1900, através de um outro método de análise. Por questão de prioridade a referida equação é denominada por equação de Planck.

Com isso, posso afirmar que a dedução da referida expressão através da presente teoria fornece uma prova independente da fornecida pela dedução da mesma expressão através da teoria da Planck, da exatidão dos conceitos da Fotodinâmica, cujo pai, tenho o imenso prazer de ser. Isso faz acreditar que o conceito físico básico que está por trás deste trabalho corresponde à realidade.

11. Propriedade da Freqüência Eletromagnética do Fóton

Um fóton que se propaga no espaço, está sujeito a uma intensidade de força discreta resultante ($\uparrow F$), deslocando-se espontaneamente, na direção e sentido da força. Nestas condições ($\uparrow$F) tende a realizar trabalho positivo.

Sendo (A) e (B) pontos de uma trajetória, tem-se que:

$$_F\vartheta > 0$$

De ($_F\vartheta > Q \cdot f > 0$) resulta na seguinte possibilidade: ($Q > 0$) e portanto ($f > 0$); então se concluí que:

"Os fótons que constituem uma radiação eletromagnética estão sujeitos apenas à força discreta ao qual está associado, propagando-se espontaneamente com uma freqüência constante".

12. Campo Eletromagnético Radiante Uniforme

Uma radiação eletromagnética é denominada uniforme ou equipotencial quando, em todos os fótons que a definam, a freqüência é constante.

Então, considere dois pontos (A) e (B) de um campo de radiação eletromagnética uniforme de intensidade (e). Sejam (f_A) e (f_B) as freqüências de (A) e (B), respectivamente.

Demonstrei que, quando uma carga radiante puntiforme ($h > 0$) é deslocada de (A) para (B), a intensidade de força associada a esse fóton é capaz de realizar um trabalho discreto expresso por:

$$_F\vartheta = Q \cdot e \cdot \lambda$$

Porém, demonstrei que:

$$_F\vartheta = Q . f$$

Igualando convenientemente as duas últimas expressões, obtém-se que:

$$Q . f = Q . e . \lambda$$

Eliminando os termos em evidência, resulta que:

$$f = e . \lambda$$

Logo, discretamente, cada fóton que compõe a radiação apresenta a mesma freqüência.

Desse modo em uma radiação eletromagnética uniforme, observa-se que a freqüência entre os pontos (**A**) e (**C**); (f_A e f_C) é igual à freqüência entre (**A**) e (**B**); (f_A) e (f_B). Logo os pontos (**A**, **B** e **C**) pertencem ao mesmo espaço eqüipotencial, ($f_A = f_B = f_C$).

Da última expressão que deduzida, tem-se que:

$$e = f/\lambda$$

Portanto, pode-se concluir que a unidade de intensidade de campo eletromagnético é definida como o quociente de unidade de freqüência por unidade de comprimento. Assim, no Sistema Internacional, a unidade de intensidade de campo eletromagnético e o Hertz/metro (Hz/m) além do Newton/Planck (N/p), conforme apresentei anteriormente.

13. Expressões Gerais da Energia

A energia é a capacidade de realizar trabalho. Então posso afirmar que a energia radiante que caracteriza o fóton é igual ao trabalho da força transportada pelo fóton.

Simbolicamente, posso escrever a seguinte igualdade:

$$W = {}_F\vartheta \qquad \text{(I)}$$

Demonstrei que o trabalho discreto transportado por um fóton é igual à intensidade de força associada a esse fóton em produto com o comprimento de onda.

Simbolicamente, o referido enunciado é expresso por:

$$_F\vartheta = F \cdot \lambda \qquad \text{(II)}$$

Substituindo convenientemente as duas últimas expressões, resulta que:

$$W = F \cdot \lambda$$

A energia de um fóton é igual à intensidade de força transportada por um fóton em produto com o comprimento de onda do pulso eletromagnético.

Demonstrei que o trabalho da força transportada pelo fóton é igual à carga radiante multiplicada pelo campo eletromagnético do fóton em produto com o comprimento de onda.

Simbolicamente o referido enunciado é expresso por:

$$_F\vartheta = h \cdot e \cdot \lambda \qquad \text{(III)}$$

Igualando convenientemente as expressões (**I**) e (**III**), resulta que:

$$W = h \cdot e \cdot \lambda$$

Logo, posso afirmar que a energia transportada por um fóton é igual à carga radiante multiplicada pelo campo eletromagnético em produto com o comprimento de onda.

Demonstrei que o trabalho da força discreta associada ao fóton é igual a constante de Leandro multiplicada pelo quadrado da carga radiante inversa pelo comprimento de onda associado ao pulso eletromagnético.

Simbolicamente o referido enunciado é expresso pela seguinte relação:

$$_F\vartheta = \varphi \cdot h^2/\lambda \quad (IV)$$

Igualando convenientemente as expressões, (**I**) e (**IV**), resulta que:

$$W = \varphi \cdot h^2/\lambda$$

Desse modo posso afirmar que a energia radiante discreta transportada particularmente por um fóton é diretamente proporcional ao quadrado da carga radiante, inversa pelo comprimento de onda do pulso eletromagnético ao qual o fóton está adaptado.

14. Lei Para a Potência da Radiação

Quando postulei o trabalho oriundo do fóton através de uma força constante, não me preocupei com o período, pois o mesmo não participava da definição. No entanto, em muitos problemas que a Fotodinâmica possibilita, é fundamental considerar a potência energética de um fóton. A energia de um fóton será tanto mais eficiente quanto menor for o período de oscilação desse fóton.

Entre dois fótons que transportam a mesma energia em períodos distintos, o fóton de maior potência é aquele que transporta a energia em um período de oscilação menor.

Do mesmo modo afirmo que, se dois fótons transportam energias diferentes em períodos iguais, o de maior potência é aquele que transporta maior energia.

A eficiência de um fóton é medida pela energia transportada em relação ao período de oscilação, definindo a grandeza chamada "POTENCIAL".

Considerarei então, um fóton, sob a ação de uma força (F) constante em um período (T). Suponha que o fóton, sob a ação da força (F), durante o período (T) se desloque (λ), na mesma direção da força.

Portanto a potência é igual ao quociente da energia radiante transportada por um fóton, inversa pelo período de oscilação do pulso eletromagnético.

Simbolicamente, posso expressar o referido enunciado pela seguinte relação:

$$p = W/T$$

Como:

$$W = F \cdot \lambda$$

Tem-se que:

$$p = F \cdot \lambda/T$$

Mas,

$$c = \lambda/T$$

Logo vem que:

$$p = F \cdot c$$

Para calcular então a potência de uma força, basta multiplicar a intensidade da mesma pela velocidade de propagação do fóton.

Em capítulos anteriores cheguei à demonstração de que a freqüência é igual ao inverso do período.

O referido enunciado é expresso simbolicamente pela seguinte relação:

$$f = 1/T$$

Substituindo convenientemente as duas últimas expressões, resulta que:

$$p = W \cdot f$$

Isso permite afirmar que a potência oriunda de um fóton é igual a energia radiante que o mesmo transporta em produto com a freqüência eletromagnética do fóton.

A lei de Max Planck mostra que a energia transportada por um fóton é igual à carga radiante multiplicada pela freqüência eletromagnética do fóton.

Simbolicamente, o referido enunciado é expresso por:

$$W = h \cdot f$$

Substituindo convenientemente as duas últimas expressões, resulta que:

$$p = (h \cdot f) \cdot f$$

Assim, vem que:

$$p = h \cdot f^2$$

Isso permite afirmar que a potência radiante oriunda de um fóton é igual a carga radiante em produto com o quadrado da freqüência eletromagnética do fóton.

A expressão de Max Planck permite afirmar que a freqüência eletromagnética do fóton é igual ao quociente da energia radiante transportada pelo fóton, inversa pela carga radiante.

Simbolicamente o referido enunciado é expresso pela seguinte relação:

$$f = W/h$$

Logo, substituindo convenientemente as duas últimas expressões, resulta que:

$$p = h \cdot (W/h)^2$$

Assim, vem que:

$$p = h \cdot W^2/h^2$$

Eliminando os termos em evidência, resulta que:

$$p = W^2/h$$

Isso permite afirmar que a potência radiante oriunda de um fóton é igual ao quociente do quadrado da energia radiante transportada pelo fóton, inversa pela carga radiante.

Demonstrei que a energia transportada por um fóton é igual à carga radiante multiplicada pelo campo eletromagnético que forma internamente o fóton em produto com o comprimento de onda.

Simbolicamente, o referido enunciado é expresso por:

$$W = k \cdot e \cdot \lambda$$

Substituindo convenientemente as duas últimas expressões, resulta que:

$$p = h^2 \cdot e^2 \cdot \lambda^2/h$$

Eliminando os termos em evidência, resulta que:

$$p = h \cdot e^2 \cdot \lambda^2$$

Isso permite afirmar que a potência radiante de um fóton é igual à carga radiante multiplicada pelo quadrado do campo eletromagnético em produto com o quadrado do comprimento de onda.

Demonstrei que a intensidade de força transportada por um fóton é igual a carga radiante multiplicada pela intensidade do campo eletromagnético.

Simbolicamente, o referido enunciado é expresso por:

$$F = \lambda \cdot e$$

Então, substituindo convenientemente as duas últimas expressões, resulta que:

$$p = F \cdot e \cdot \lambda^2$$

Demonstrei que a intensidade de um campo eletromagnético é igual a constante de Leandro multiplicada pela carga radiante, inversa pelo quadrado do comprimento de onda.

Simbolicamente, o referido enunciado é expresso pela seguinte relação:

$$e = \varphi \cdot h/\lambda^2$$

Substituindo convenientemente as duas últimas expressões, resulta que:

$$p = F \cdot \lambda^2 \cdot \varphi \cdot h/\lambda^2$$

Eliminando os termos em evidência, resulta que:

$$p = \varphi \cdot h \cdot F$$

Logo, posso afirmar que a potência é igual a constante de Leandro multiplicada pela carga radiante em produto com a intensidade de força.

Assim, posso genericamente afirmar que a potência da radiação transportada por um fóton é diretamente proporcional à intensidade de força que o mesmo transporta.

Simbolicamente, o referido enunciado é expresso por:

$$p = \alpha \cdot F$$

Porém, demonstrei que:

$$F = h \cdot e$$

Logo, resulta que:

$$p = \alpha \cdot h \cdot e$$

Novamente, posso generalizar e concluir que a potência radiante transportada por um fóton é diretamente proporcional à intensidade do campo eletromagnético interno do fóton.

Simbolicamente, o referido enunciado é expresso por:

$$p = h \cdot e$$

Porém,

$$e = f/\lambda$$

Logo, resulta que:

$$p = h \, f/\lambda$$

15. Unidade de Potência

No sistema internacional (MKS), a unidade de potência é o Watt, definido como a potência desenvolvida quando se realiza, contínua e uniformemente, um trabalho correspondente a 1 Joule, em cada segundo.

a) MKS $\rightarrow$ 1J/1s = 1 Watt (1W)
b) CGS $\rightarrow$ 1erg/1s
c) MK*S $\rightarrow$ 1kgm/1s
d) MTS $\rightarrow$ 1kj/1s = 1 kW

TEORIA FOTODINÂMICA
Leandro Bertoldo

Capítulo 8
Impulso de Uma Força Associada ao Fóton

1. Introdução

O impulso e a quantidade de movimento que caracterizam o fóton são muito importantes e útil no estudo de alguns fenômenos verificados na interação entre fóton e matéria, onde podem aparecer forças variáveis, cuja análise é mais complexa.

O impulso e a quantidade de movimento são duas grandezas vetoriais. O impulso da força resultante do fóton é a quantidade de movimento no intervalo do período considerado. Como já afirmei essas grandezas são eminentemente importantes para a análise dos choques entre fótons e matéria.

2. Impulso Oriundo do Fóton

Na interação entre fóton e matéria, a intensidade de força transportada por um fóton atua durante certo intervalo de tempo – denominado por período de oscilação eletromagnética do fóton – sobre a matéria.

A grandeza em questão é o impulso da intensidade de força. Ela está diretamente associada ao princípio da quantidade de movimento do fóton.

Torno a enfatizar que os conceitos de impulso e de quantidade de movimento provenientes de um fóton são muito importantes em situações em que a intensidade de força transportada pelo fóton atua num período muito pequeno. Esse período corresponde evidentemente ao próprio período de propagação do pulso eletromagnético.

Desse modo, denominei por impulso de uma força transportada por um fóton ao produto da intensidade da força pelo período de oscilação do pulso eletromagnético. O impulso é uma grandeza vetorial.

Então posso escrever simbolicamente que:

$$\uparrow I = F \cdot \uparrow T$$

O impulso, sendo uma grandeza vetorial, possui intensidade, direção e sentido.

$$_F\uparrow I = \uparrow F \cdot T$$

a) Intensidade: (módulo) $|_F\uparrow I| = |\uparrow F| \cdot T$

b) Direção: a mesma de $\uparrow F$ (paralela a $\uparrow F$)

c) Sentido: o mesmo de $\uparrow F$ (pois o T é sempre positivo)

Não havendo absoluta necessidade dos demais elementos, basta considerar a intensidade do impulso dada pela expressão:

$$I = F \cdot T$$

3. Unidades de Impulso

As unidades de impulso são expressa por:

unidade de impulso = unidade de força vezes unidade de tempo

Simbólicamente:

$$U(I) = U(F) . U(t)$$

Portanto, são unidades de impulso, o Newton vezes o segundo (**N.s**), (**Kgf.s**) e muitas outras.

4. Curva do Impulso

Em capítulos anteriores observei que a intensidade de força transportada por um fóton é absolutamente constante, então o diagrama que descreve o comportamento da força com o período é indicado pela figura de um retângulo

A área descrita abaixo da curva, até completar o período (**T**), é numericamente igual ao impulso de uma força constante.

$$I = A = F . T$$

Demonstrei em capítulos anteriores que o período é o inverso da freqüência.

Simbolicamente, o referido enunciado é expresso por:

$$T = 1/f$$

Então substituindo a expressão que traduz o impulso de uma força constante oriundo de um fóton com a última expressão vem que:

$$I = F \cdot T$$
$$I = F \cdot 1/f$$
$$I = F/f$$

Desse modo posso afirmar que o impulso de uma força transportada por um fóton é igual ao quociente dessa intensidade de força, inversa pela freqüência eletromagnética do fóton.

Essa expressão permite afirmar que quanto maior for a freqüência, menor será a intensidade de impulso; e, quanto maior for a intensidade de força transportada pelo fóton, maior será a intensidade do impulso oriundo do fóton.

Os chamados raios (**Y**), apresentam uma freqüência tão alta que é considerada como a única radiação verdadeiramente ondulatória. Porém a presente teoria prevê que o comportamento corpuscular é praticamente imperceptível, pois embora apresente uma energia muito alta, o impulso é extremamente pequeno.

5. Quantidade de Movimento Oriundo do Fóton

Considere uma carga radiante (**h**), associada a um comprimento de onda (**λ**).

Em 1923, Arthur Compton demonstrou que os fótons apresentam uma quantidade de movimento discreto.

Ele demonstrou que essa quantidade de movimento é igual ao quociente da carga radiante, inversa pelo comprimento de onda do pulso eletromagnético que compõe o fóton.

O referido enunciado é expresso simbolicamente pela seguinte relação:

$$q = h/\lambda$$

As unidades de quantidade de movimento oriundo do fóton são expressas por:

$$U(q) = U(h)/U(\lambda)$$

Portanto vem que, a unidade de quantidade de movimento oriunda do fóton e igual ao quociente do Planck, inversa pelo metro.

$$U(q) = p/m$$

6. Teorema do Impulso Oriundo do Fóton

O presente teorema do impulso oriundo de um fóton, propõe a demonstrar que o impulso de uma força numa carga radiante, em um período, é igual à quantidade de movimento do fóton, no período considerado.

De fato, considere uma carga radiante (**h**), submetida numa intensidade de força (**F**), durante um período de tempo igual ao do pulso eletromagnético (**T**), num comprimento de onda expresso simbolicamente por (λ).

Demonstrei que:

a) $I = F/f$
b) $F = h \cdot e$
c) $e = f/\lambda$

Então substituindo convenientemente as três últimas expressões, resulta que:

$$I = h \cdot e/f$$

Logo, vem que:

$$I = (h . f/\lambda) / (f/1)$$

Sabendo-se que os produtos dos meios é igual aos produtos dos extremos, pode-se concluir que:

$$I = h . f/\lambda . f$$

Eliminando os termos em evidência, resulta que:

$$I = h/\lambda$$

Porém, Compton demonstrou que:

$$q = h/\lambda$$

Então, substituindo convenientemente as duas últimas expressões, resulta que:

$$_FI = q$$

Portanto, posso categoricamente afirmar que num fóton, o impulso da força que está associado ao mesmo, num período de oscilação eletromagnética é igual à quantidade de movimento do referido fóton no mesmo período de oscilação eletromagnética.

Denominei esse enunciado por "teorema do impulso oriundo de um fóton". Apresenta uma validade genérica para qualquer radiação.

Do teorema do impulso do fóton pode-se deduzir que:

a) Introduz os conceitos de impulso e de quantidade de movimento;

b) Estabelece fundamentalmente um critério para a medida da quantidade de movimento através do impulso da força apresentada pelo fóton.

Comparando a expressão de Planck para a energia transportada por um fóton e a expressão aqui deduzida para o impulso oriundo de um fóton pode-se concluir que:

a_1)   W = h . f
b_1) $_F$I = F/f

Então a energia aumenta com a freqüência eletromagnética do fóton, ao passo que o impulso da força diminui com o aumento da referida freqüência.

Logo, torna-se evidente que a quantidade de movimento pode permanecer constante de uma radiação para outra, ainda que a energia radiante não permaneça. Isto permite concluir que a energia e a quantidade de movimento do fóton são absolutamente independentes.

7. Choques Fotodinâmicos

Muitos fenômenos analisados na Fotodinâmica que tenho proposto se processam por meio de choques. Chamei de choque fotodinâmico o fenômeno de interação entre a matéria e o fóton. Esse fenômeno se processa muito rapidamente. E é justamente por causa dessa rapidez com que essa interação se processa que é mais fácil analisar os antecedentes do fenômeno e as conseqüências, ou seja, saber exatamente as condições antes e depois do choque.

Essencialmente, uma interação entre o fóton e a matéria se processa por intermédio do choque entre energias.

A referida interação assume um único aspecto: ela é definitiva. Tratarei os choques fotodinâmicos sob o ponto de vista energético.

Quando o fóton se choca com a matéria, toda energia transportada pelo fóton é absorvida pela matéria, sendo transformada em energia mecânica, que por sua vez pode ser transformada em energia térmica.

Para obter resultados quantitativos referentes a choques fotodinâmicos necessita-se estabelecer um sistema isolado.

Caso o fóton seja totalmente absorvido por um elétron, em um sistema isolado, as quantidades de movimentos serão absolutamente iguais, antes e depois do choque fotodinâmico.

Portanto, posso escrever que:

$$q_i = q_f$$

A quantidade de movimento se conserva durante a colisão pois o sistema fotodinâmico em debate é isolado de forças externas. Assim, na análise desse choque têm-se dois pares de equações, antes e depois da interação:

a) a conservação da quantidade de movimentos,
b) e a conservação da energia mecânica.

Os referido fenômenos são altamente importantes na análise da teoria foto-elétrica apresentada na presente obra.

Capítulo 9
Fluxo Eletromagnético

1. Introdução

Considerarei inicialmente uma determinada região do espaço, na qual uma radiação eletromagnética seja absolutamente uniforme. Cada fóton dessa radiação apresenta, evidentemente, um campo eletromagnético uniforme ($\uparrow$**e**).

Tomarei agora, nessa região do espaço, uma superfície plana qualquer, de área (**S**), imersa nesse campo eletromagnético. Nessas condições, defino "fluxo eletromagnético" (ϕ) através da superfície plana de área (**S**) como sendo uma grandeza escalar fornecida pela chamada expressão de fluxo.

Um fóton se propagando logo após outro, constitui o que tenho chamado de linha eletromagnética. Logo, torna-se claro que o número de linhas eletromagnéticas que atravessam uma superfície é menor em uma superfície de área menor e maior numa superfície de área maior. É exatamente essa idéia de variação do número de linhas eletromagnéticas que atravessam determinada área me permitiu definir uma nova grandeza na fotodinâmica "fluxo eletromagnético".

O valor do fluxo eletromagnético é expresso pelo produto do vetor campo eletromagnético ($\uparrow$**e**) pela área (**S**) da superfície por onde passam as linhas eletromagnéticas e pelo co-seno do ângulo (θ) formado entre a direção das linhas eletromagnéticas ($\uparrow$**e**) a normal ($\uparrow$**n**) e a superfície considerada.

TEORIA FOTODINÂMICA
Leandro Bertoldo

Costumo representar o fluxo eletromagnético pela letra (ϕ) (fi).

Simbolicamente, o referido enunciado é expresso por:

$$\phi = e \cdot S \cdot \cos\theta$$

2. Propriedades

Creio que é importante destacar que o fluxo eletromagnético é uma grandeza puramente escalar.

Posso então afirmar que, se o plano estiver inclinado em relação ao campo eletromagnético ($\uparrow e$), a área da superfície será, evidentemente, atravessada por um número de linhas eletromagnéticas menor do que aquela que a atravessa, quando ela é perpendicular a ($\uparrow e$), sendo o fluxo conseqüentemente menor. Quando o plano for paralelo ao campo de radiação eletromagnética, ela não é atravessada por linhas eletromagnéticas e o fluxo será nulo.

Logo, posso afirmar que a presente grandeza que procuro propor em Fotodinâmica é expressa pelo número de linhas eletromagnéticas que atravessam a área da superfície de um plano geométrico.

Importa destacar, para meu estudo, que o vetor normal ($\uparrow n$) é um vetor unitário ($|\uparrow n| = 1$), cuja direção é a da normal (perpendicular) à superfície e cujo sentido no espaço é arbitrariamente orientado através da expressão:

$$\phi = e \cdot S \cdot \cos\theta$$

Pode-se observar que o fluxo eletromagnético (ϕ) pode ser positivo, negativo ou ainda nulo, dependendo exclusivamente do co-seno do ângulo (θ).

Passarei a investigar então os valores possíveis assumidos pelo fluxo eletromagnético (ϕ):

a) $\theta = 0 \rightarrow \cos\theta = 1$

Portanto conclui-se que o fluxo é expresso por:

$$\phi = e \cdot S$$

Nesse caso o fluxo eletromagnético é máximo (ϕ_{mx}).

Evidentemente a superfície é perpendicular às linhas eletromagnéticas da radiação considerada.

Portanto, o vetor campo eletromagnético tem a mesma direção e o mesmo sentido do vetor normal.

b) $\theta = 90^\circ \rightarrow \cos\theta = 0$

Com base nessa expressão, posso afirmar que o fluxo eletromagnético é nulo: $\theta = 0$.

Assim, a superfície é paralela às linhas eletromagnéticas da radiação em debate.

Portanto o ângulo entre o vetor campo eletromagnético e o vetor normal é reto.

c) $\theta = 180^\circ \rightarrow \cos\theta = 1$

Então o fluxo eletromagnético é expresso por:

$$\phi = - e \cdot S$$

Evidentemente o vetor campo eletromagnético apresenta a mesma direção que a do vetor normal, mas sentido contrário ao deste. Logo, resumidamente tem-se que:

c_1) $90° > \theta > 0 \to \theta$ é agudo, portanto o fluxo eletromagnético é positivo: $\phi > 0$. Nesse caso, digo que o fluxo sai da superfície.

c_2) $180° > \theta > 90° \to \theta$ é obtuso; assim, posso afirmar que o fluxo eletromagnético é negativo: ($\phi < 0$). Então, digo que o fluxo entra na superfície.

Finalmente, posso dizer que o fluxo eletromagnético diminui à medida que o ângulo (θ) aumenta.

$$180° \geq \theta \geq 0 \Rightarrow e \cdot S \geq \phi \geq - e \cdot S$$

3. Unidades

A unidade de fluxo eletromagnético no sistema internacional poderia ser Einstein (**E**), que seria definida da seguinte maneira:

"Um Einstein é o fluxo eletromagnético através de uma superfície plana de área igual a 1 metro quadrado, perpendicular à direção de uma radiação eletromagnética uniforme e invariável cuja intensidade do campo eletromagnético de cada fóton que compõe a referida radiação é igual a 1 hertz por metro".

4. Superfícies Elementares

No decorrer do presente capítulo lidei apenas com superfícies planas, imersas em regiões de uma radiação eletromagnética uniforme; entretanto, sob um outro ponto de vista, as situações mais comuns referem-se a superfícies que não são planas e ainda podem ser encontrada imersas em regiões de uma radiação eletromagnética não uniforme.

TEORIA FOTODINÂMICA
Leandro Bertoldo

Então, nessas condições, para efeito de extensão do conceito inicial de fluxo eletromagnético, vou procurar dividir a superfície qualquer em elementos de superfície; ou seja, dividir uma superfície qualquer em superfícies elementares, suficientemente pequenas, a ponto de serem consideradas planas. Por serem muito pequenas, então o campo através delas pode ser considerado uniforme. Assim, posso calcular os fluxos parciais ($\Delta\phi_i$) em cada elemento de superfície de área (ΔS_i), somando-os posteriormente para obter o fluxo total através da superfície. Ou melhor, o fluxo total é a soma de todos os fluxos parciais.

$$\phi = \Sigma\Delta\phi_i$$

$$\Delta\phi_i = e_i \cdot \Delta S_i \cdot \cos\theta$$

Nesta expressão têm-se os seguintes símbolos:

a) $\Delta\phi_i \equiv$ fluxo parcial através da superfície elementar de área (ΔS_i).

b) $e_i \equiv$ intensidade do campo eletromagnético do fóton no elemento de superfície de área (ΔS_i).

c) $\phi_i \equiv$ ângulo formado entre (e_i) e o respectivo vetor normal ($\uparrow n_i$) à superfície de área (ΔS_i).
     Tem-se então que:

$\Delta S_1 \rightarrow \Delta\phi_1$
$\Delta S_2 \rightarrow \Delta\phi_2$
...   ...
$\Delta S_i \rightarrow \Delta\phi_i$
...   ...
$\Delta S_n \rightarrow \Delta\phi_n$

TEORIA FOTODINÂMICA
Leandro Bertoldo

Portanto, (ϕ) será expresso por:

$$\phi = \Delta\phi_1 + \Delta\phi_2 + \dots + \Delta\phi_i + \dots + \Delta\phi_n$$

Genericamente, sintetizando a expressão, pela utilização do conceito de somatória, tem-se que:

$$\phi = \sum_{i=1}^{n} \Delta\phi_i$$

Substituindo convenientemente ($\Delta\phi_i$) pela sua expressão; ou seja, $\Delta\phi_i = e_i \cdot \Delta S_i \cdot \cos\theta_i$, resulta finalmente que:

$$\phi = \sum_{i=1}^{n} e_i \cdot \Delta S_i \cdot \cos\theta_i$$

Capítulo 10
Inércia do Fóton

1. Introdução

Em 1905 Albert Einstein publicou sua celebre teoria da "Relatividade Especial". Essa teoria discute fundamentalmente os fenômenos que envolvem sistemas de referência em movimento retilíneo e uniforme, em relação a outros referenciais.

Uma das grandes conseqüências estabelecidas pela teoria da Relatividade Especial é o fato de que massa é uma forma de energia. Desse modo, toda e qualquer forma de energia apresenta inércia. Eis as palavras de Einstein:

– "Toda energia (**W**), de qualquer forma particular, presente em um corpo ou transportada por uma radiação, possui inércia, medida pelo quociente do valor da energia pelo quadrado da velocidade da luz (**W/c²**). Reciprocamente, à toda massa (**m**) deve-se atribuir energia própria, igual a (**m . c²**), independente e além da energia potencial que o corpo ou o sistema possua num campo de força".

"Assim, massa e energia são duas manifestações diferentes da mesma coisa, ou duas propriedades diversas da mesma substância física".

Portanto, a massa é uma forma de energia; então a energia em geral é uma manifestação da inércia. Nesse caso sob a denominação "inércia da energia".

O mesmo se pode dizer do calor, da energia mecânica, ou elétrica etc. Desse modo, a energia em si mesma apresenta um caráter generalizado.

Assim, os cientistas estão habituados com o fato de a energia se apresentar sob a forma calorífica, massa, potencial e outras, podendo passar de uma para outra situação. Logo, a energia térmica pode ser transformada em energia mecânica e assim por diante.

Com isso, proponho que as *fases da inércia* térmica, elétrica, mecânica etc. constituem os "estados da energia". Portanto, posso afirmar genericamente que as inércias da energia, apresentam estados e, é sempre encontrada numa fase.

A inércia do fóton não implica necessariamente impenetrabilidade como a massa na impenetrabilidade da matéria. Isto explica porque dois fótons não sofrem a ação de choques.

2. Contrastes entre Massa e Fóton

As ondas se comportam como partículas. Isso foi comprovado experimentalmente, quando Arthur Compton demonstrou essa fase com relação aos fótons oriundos dos raios x. Verificou que eles estavam associados discretamente a uma quantidade de movimento expressa pela seguinte equação:

$$q = h/\lambda$$

No entanto, ao ser absorvido por um elétron, os fótons destroem-se completamente e as propriedades deste são transferidas para o elétron. Isso vem a mostrar que o fóton não tem massa, porém tem uma quantidade de movimento provocando o deslocamento dos elétrons, obedecendo as leis de colisões atômicas.

Esses dados são totalmente incompatíveis com a tese da inexistência de massa de fóton. Porém, isto não impede que os mesmos não apresentem uma quantidade de movimento.

Um outro fenômeno que demonstra a propriedade corpuscular do fóton é a chamada "pressão de radiação".

A pressão de radiação já foi comprovada em laboratório, por intermédio de uma finíssima lâmina de metal suspensa por um fio, em condições de alto vácuo.

Quando um feixe de radiação eletromagnética incide sobre a lâmina, ela sofre uma torção. A força que a move somente pode ser atribuída aos fótons que compõem a referida radiação. Porém, os fótons não têm massa, no entanto transmitem movimento a uma lâmina delgada.

Nestas circunstâncias, a atribuição das qualidades físicas comuns aos fótons introduz um elemento essencial de ambigüidade, como fica evidente no debate referente às propriedades apresentadas há pouco. De tal forma que se torna controvertido fazer referência aos fótons corpusculares e entretanto não apresentar massa; se esta representa um aspecto fundamental em qualquer característica corpuscular.

Porém, o fóton, obrigatoriamente, tem que ser corpuscular, pois é a única hipótese que poderia explicar os fenômenos que se observam na matéria. Porém não apresentam massa. Mas tem uma quantidade de movimento expresso por:

$$q = h/\lambda$$

A quantidade de movimento seria algo absurdo para um corpúsculo que não tem massa.

3. Inércia do Fóton

Considerando a teoria de Einstein sobre a Relatividade Restrita, torna-se evidente que a inércia da energia de uma partícula corresponde igualmente à massa dessa partícula.

Simbolicamente, o referido enunciado é expresso pela seguinte igualdade:

$$i = m$$

Isso está perfeitamente de acordo com os fenômenos observados na matéria, tanto nos aspectos macroscópicos quanto nos aspectos microscópicos.

Porém, o fóton não apresenta massa, no entanto apresenta uma quantidade de movimento; logo, o fóton tem que obrigatoriamente apresentar uma inércia. O que também está perfeitamente de acordo com Einstein; pois, toda forma de energia apresenta inércia.

Então, para demonstrar a inércia de um fóton considere os seguintes postulados generalizados:

a) A quantidade de movimento de qualquer corpúsculo é igual a inércia do corpúsculo multiplicada pela velocidade a qual o mesmo está submetido. No caso do fóton, sua velocidade é a da luz.

Simbolicamente, o referido enunciado é expresso pela seguinte formula:

$$q = i \cdot c$$

Então, resulta que a inércia do fóton será expressa por:

$$i = q/c$$

b) Compton demonstrou que a quantidade de movimento do fóton é igual ao quociente da carga radiante inversa pelo comprimento de onda do pulso eletromagnético que constitui o fóton.

O referido enunciado é expresso simbolicamente pela seguinte relação:

$$q = h/\lambda$$

Substituindo convenientemente as duas últimas expressões, resulta que:

$$i = (h/\lambda) / (c/1)$$

Sabe-se que o produto dos meios é igual ao produto dos extremos, logo resulta que:

$$i = h/c \cdot \lambda$$

Portanto, através da presente teoria, posso afirmar que a inércia de um fóton é igual ao quociente da carga radiante inversa pela velocidade da luz, multiplicada pelo comprimento de onda do pulso eletromagnético.

4. A Inércia e a Teoria de Einstein

É muito interessante notar que Albert Einstein com sua teoria da Relatividade Restrita, afirmou genericamente que a energia tem inércia.

Através da teoria da Relatividade Restrita vou procurar deduzir a equação estabelecida na Fotodinâmica para expressar a inércia de um fóton.

Afirmei que a inércia de um fóton é igual ao quociente da carga radiante inversa pela velocidade de propagação do pulso eletromagnético multiplicado pelo comprimento de onda do referido pulso.

Simbolicamente, o referido enunciado é expresso pela seguinte relação:

$$i = h/c \cdot \lambda$$

Albert Einstein afirmou que a inércia é igual ao quociente da energia, inversa pelo quadrado da velocidade da luz.

O referido enunciado é expresso simbolicamente pela seguinte relação:

$$i = W/c^2$$

Porém, a energia transportada por um fóton é igual à carga radiante multiplicada pela freqüência de oscilação do pulso eletromagnético.

Simbolicamente o referido enunciado é expresso por:

$$W = h \cdot f$$

Substituindo convenientemente as duas últimas expressões, resulta que:

$$i = h \cdot f/c^2$$

Porém, a mecânica ondulatória prevê que a freqüência de oscilação de um pulso eletromagnético é igual ao quociente da velocidade de propagação desse pulso, inverso pelo comprimento de onda.

O referido enunciado é expresso simbolicamente pela seguinte relação:

$$f = c/\lambda$$

Substituindo convenientemente as duas últimas expressões, resulta que:

$$i = (h \cdot c/\lambda) / (c^2/1)$$

Sabendo que os produtos dos meios são iguais aos produtos dos extremos, então resulta que:

$$i = h \cdot c/c \cdot \lambda$$

Eliminando os termos em evidência, resulta que:

$$i = h/c \cdot \lambda$$
$$c = \lambda \cdot f$$
$$i = h/f \cdot \lambda^2$$

A referida equação deduzida a partir da teoria da Relatividade Restrita de Einstein, corresponde perfeitamente à equação apresentada anteriormente nesta Fotodinâmica.

5. Aceleração Fotodinâmica

No movimento linear existe aceleração desde que a velocidade de uma partícula varie no decurso do tempo.

No movimento circular, o móvel pode ou não variar sua velocidade e, em ambos os casos, apresentar uma aceleração. Isso porque nesse movimento, embora a intensidade da velocidade permaneça constante, a mesma varia em direção.

Na presente teoria proponho que o fóton ao se propagar pelo espaço na velocidade da luz, fica caracterizado por um novo tipo de aceleração, cujo significado físico de sua origem ainda não é bem conhecido.

TEORIA FOTODINÂMICA
Leandro Bertoldo

Mas cuja existência será largamente demonstrada na presente teoria.

A essa nova grandeza física denominei por "aceleração fotodinâmica".

A velocidade de propagação do fóton no espaço apresenta um módulo absolutamente constante, pois o movimento é uniforme: não apresenta a chamada aceleração tangencial. Mas a velocidade de propagação do fóton, varia em alguma grandeza, pois causa o aparecimento da chamada aceleração fotodinâmica.

Demonstrei através de uma série de deduções que a intensidade da aceleração fotodinâmica é igual ao quociente da velocidade de propagação do pulso eletromagnético, inverso pelo período de propagação do referido pulso.

Simbolicamente, o referido enunciado é expresso pela seguinte relação:

$$f = c/T$$

A aceleração que um fóton apresenta pareceu-me, a princípio, algo muito obscuro e até mesmo absurdo. Porém, a física insiste que a velocidade é um vetor. E um vetor só permanece constante quando os três elementos que o caracterizam permanecem constantes. Logo, conclui, que a referida aceleração aparece devido à alternância na direção de propagação do pulso eletromagnético que caracteriza o fóton.

Em capítulos anteriores demonstrei que o período é o inverso da freqüência.

O referido enunciado é expresso simbolicamente pela seguinte relação:

$$T = 1/f$$

Substituindo convenientemente as duas últimas expressões, conclui-se que:

$$f = c \, / \, (1/f)$$

sabe-se que os produtos dos meios são iguais aos produtos dos extremos; então resulta:

$$f = c \cdot f$$

Isso permite afirmar que a aceleração fotodinâmica é igual à velocidade de propagação do pulso eletromagnético em produto com a freqüência do mesmo.

Porém, sabe-se que a freqüência eletromagnética do fóton é igual ao quociente da velocidade de propagação do fóton, inversa pelo comprimento de onda.

Então, substituindo convenientemente as duas últimas expressões, resulta que:

$$f = c \cdot c/\lambda$$

Assim,

$$f = c^2/\lambda$$

Isso permite afirmar que a aceleração fotodinâmica é igual ao quociente do quadrado da velocidade de propagação do fóton, inversa pelo comprimento de onda do mesmo.

Portanto, por intermédio da referida expressão, posso afirmar que a velocidade de propagação do fóton é constante em valor, mas varia a cada instante em direção e sentido. Por essa razão, o fóton está associado diretamente a uma aceleração.

TEORIA FOTODINÂMICA
Leandro Bertoldo

6. Força Oriunda do Fóton

Extrapolando a segunda lei de Newton para a Fotodinâmica, posso afirmar que a resultante da intensidade de força que atua no fóton é igual ao produto da inércia desse fóton por sua aceleração.

Simbolicamente o referido enunciado é expresso por:

$$F = i \cdot f$$

Acabei de afirmar que um fóton se propagando no espaço apresenta uma aceleração dirigida para o seu interior, e por isso chamada de aceleração fotodinâmica. Então, um fóton que se propaga no espaço está sujeito a uma intensidade de força dirigida para o interior do fóton e que por isso é chamada por força oriunda do fóton.

Desse modo, considerando um fóton de inércia (i) propagando-se no espaço numa trajetória qualquer. Supondo que, num dado instante qualquer, sua velocidade vetorial seja igual a (c). Como afirmei, a velocidade vetorial está mudando a cada instante. Pela primeira lei de Newton, o fóton deveria continuar para sempre com a mesma velocidade vetorial, ou seja, mesma intensidade, mesma direção e mesmo sentido iniciais, caso nenhuma força sobre ele atuasse. Na presente teoria propus que o fóton é um campo de força eletromagnética, tendo portanto velocidade vetorial variável, desse modo pode-se afirmar que existe ao menos uma força atuando diretamente sobre o fóton. Essa força responsável pela oscilação eletromagnética do fóton é denominada por força eletromagnética; esta provoca o aparecimento da aceleração fotodinâmica, que altera somente a direção do vetor velocidade.

O módulo dessa força é expressa pelo produto da inércia do fóton pela aceleração fotodinâmica.

$$F = i . f$$

Demonstrei que a aceleração fotodinâmica é igual ao quociente do quadrado da velocidade de propagação do pulso eletromagnético inverso pelo comprimento de onda do pulso.

O referido enunciado é expresso simbolicamente pela seguinte relação:

$$f = c^2/\lambda$$

Substituindo convenientemente as duas últimas expressões, resulta que:

$$F = i . c^2/\lambda$$

A força eletromagnética do fóton é normal à velocidade e dirigida para o centro do fóton. Digo que a força eletromagnética modifica somente a direção de propagação de pulso eletromagnético, sem no entanto alterar a intensidade de vetor velocidade.

Para uma mesma inércia do fóton, quanto maior for o comprimento de onda, menor será a variação de direção na velocidade no mesmo período.

Como a variação é menor à medida que aumenta o comprimento de onda, é de se supor que a intensidade de força seja menor à medida que o comprimento de onda aumenta.

Para um mesmo comprimento de onda, quanto maior for a inércia, maior a intensidade de força eletromagnética para mudar a direção de sua velocidade.

7. Natureza da Força

A intensidade de força deduzida no item anterior, foi obtida a partir de argumentos fundamentados na mecânica newtoniana. Afirmei também que essa força é de origem eletromagnética. Cabe agora demonstrar através de argumentos matemáticos que tal força é eletromagnética.

Uma das leis da Fotodinâmica afirma que a intensidade de força oriunda de um fóton é igual a inércia de fóton em produto com o quadrado da velocidade de propagação do fóton, inversa pelo comprimento de onda.

$$F = i \cdot c^2/\lambda$$

Demonstrei que a inércia do fóton é igual ao quociente da carga radiante, inversa pela velocidade de propagação do fóton multiplicada pelo comprimento de onda.

O referido enunciado é expresso simbolicamente pela seguinte relação:

$$i = h/c \cdot \lambda$$

Então, substituindo convenientemente as duas últimas expressões, resulta que:

$$F = h \cdot c^2/c \cdot \lambda \cdot \lambda$$

Eliminando os termos em evidência, vem que:

$$F = h \cdot c/\lambda^2$$

Afirmei que a velocidade de propagação do fóton é igual à freqüência eletromagnética do fóton em produto com o comprimento de onda do pulso eletromagnético.

Simbolicamente, o referido enunciado é expresso por:

$$c = f \cdot \lambda$$

Substituindo convenientemente as duas últimas expressões, resulta que:

$$F = h \cdot f \cdot \lambda/\lambda^2$$

Eliminando os termos em evidência, resulta que:

$$F = h \cdot f/\lambda$$

Demonstrei que a intensidade do campo eletromagnético que caracteriza o fóton é igual ao quociente da freqüência eletromagnética do fóton, inversa pelo comprimento de onda.

O referido enunciado é expresso simbolicamente pela seguinte relação:

$$e = f/\lambda$$

Substituindo convenientemente as duas últimas expressões, resulta que:

$$F = h \cdot e$$

Isso me permite afirmar que a intensidade de força oriunda do fóton é igual à carga radiante em produto com a intensidade do campo eletromagnético. Logo, isso vem a demonstrar que a força em discussão é de origem eletromagnética, pois:

$$F = i \cdot c^2/\lambda = h \cdot e = i \cdot f = \varphi \cdot h^2/\lambda^2$$

8. Velocidade de Propagação de um Pulso

Através de algumas relações apresentadas na Fotodinâmica, vou procurar estabelecer algumas expressões elementares para a verificação da velocidade de um fóton.

TEORIA FOTODINÂMICA
Leandro Bertoldo

Demonstrei que a intensidade de força oriunda de um fóton é igual à inércia desse fóton multiplicada pelo quadrado da velocidade de propagação do pulso eletromagnético associado ao fóton e inverso pelo comprimento de onda.

O referido enunciado é expresso simbolicamente pela seguinte relação:

$$F = i \cdot c^2/\lambda$$

Demonstrei que a intensidade de força oriunda de um fóton é igual a sua inércia, multiplicada pela aceleração fotodinâmica ao qual está submetido.

Simbolicamente, o referido enunciado é expresso por:

$$F = i \cdot f$$

Igualando convenientemente as duas últimas expressões, resulta que:

$$i \cdot c^2/\lambda = i \cdot f$$

Eliminando os termos em evidência, resulta que:

$$c^2 = \lambda \cdot f$$

Logo, concluí-se:

$$c = \sqrt{\lambda} \cdot f$$

Desse modo posso afirmar que a velocidade de propagação de um pulso eletromagnético que constitui o fóton é igual à raiz quadrada do comprimento de onda do referido pulso multiplicado pela aceleração fotodinâmica do pulso considerado.

Uma outra expressão para a velocidade de propagação do pulso eletromagnético pode ser obtida através da seguinte dedução:

Demonstrei que a intensidade de força eletromagnética oriunda de um fóton é igual à inércia desse fóton multiplicada pela aceleração fotodinâmica do pulso eletromagnético que constitui o referido fóton.

Simbolicamente, o referido enunciado é expresso por:

$$F = i \,.\, f$$

Demonstrei que a inércia de um fóton é igual ao quociente da carga radiante, inversa pela velocidade de propagação do pulso eletromagnético multiplicado pelo comprimento de onda o dito pulso.

O referido enunciado é expresso simbolicamente pela seguinte relação:

$$i = h/c \,.\, \lambda$$

Substituindo convenientemente as duas últimas expressões, resulta que:

$$F = h \,.\, f/c \,.\, \lambda$$

Demonstrei que a aceleração fotodinâmica de propagação de um pulso eletromagnético é igual ao quociente do quadrado da velocidade de propagação desse pulso, inverso pelo comprimento de onda.

O referido enunciado é expresso simbolicamente pela seguinte relação:

TEORIA FOTODINÂMICA
Leandro Bertoldo

$$f = c^2/\lambda$$

Substituindo convenientemente as duas últimas expressões, resulta que:

$$F = h \cdot c^2/c \cdot \lambda \cdot \lambda$$

Eliminando os termos em evidência, resulta que:

$$F = h \cdot c/\lambda^2$$

Em capítulos anteriores demonstrei que a intensidade de força oriunda de um fóton é igual a constante de Leandro multiplicada pelo quadrado da carga radiante inversa pelo quadrado do comprimento de onda do pulso eletromagnético que constitui o fóton.

Simbolicamente, o referido enunciado é expresso pela seguinte relação:

$$F = \varphi \cdot h^2/\lambda^2$$

Igualando convenientemente as duas últimas expressões, resulta que:

$$h \cdot c/\lambda^2 = \varphi \cdot h^2/\lambda^2$$

Eliminando os termos em evidência, vem que:

$$c = \varphi \cdot h$$

Isso permite afirmar que a velocidade de propagação de um pulso eletromagnético é igual a constante de Leandro multiplicada pelo valor da carga radiante, que são valores constantes.

TEORIA FOTODINÂMICA
Leandro Bertoldo

Em capítulos anteriores, demonstrei que o comprimento de onda do pulso eletromagnético que constitui o fóton é igual à velocidade de propagação do fóton multiplicado pelo período.

Simbolicamente, o referido enunciado é expresso por:

$$\lambda = c \cdot T$$

Porém, também demonstrei que a velocidade de propagação de um fóton é igual à aceleração fotodinâmica multiplicada pelo período de oscilação do pulso eletromagnético.

Simbolicamente, o referido enunciado é expresso por:

$$c = f \cdot T$$

Substituindo convenientemente as duas últimas expressões, resulta que:

$$\lambda = (f \cdot T) \cdot T$$

Logo, vem que:

$$\lambda = f \cdot T^2$$

Desse modo posso afirmar que o comprimento de onda de um fóton é igual à aceleração fotodinâmica, multiplicada pelo quadrado do período de oscilação do pulso eletromagnético que constitui o referido fóton.

9. Resumo Geral da Cinemática do Fóton

O comprimento de onda de um fóton é igual a sua velocidade multiplicada pelo período.

Simbolicamente, o referido enunciado é expresso por:

$$\lambda = c \cdot T$$

O comprimento de onda de um fóton é igual a sua aceleração fotodinâmica em produto com o quadrado do período de oscilação do fóton.

O referido enunciado é expresso por:

$$\lambda = f \cdot T^2$$

A velocidade de um fóton é igual a sua aceleração fotodinâmica em produto com o período.

Simbolicamente, o referido enunciado é expresso por:

$$c = f \cdot T$$

Eliminando o período, posso afirmar que o quadrado da velocidade de propagação do fóton é igual a sua aceleração fotodinâmica multiplicada pelo comprimento de onda.

Simbolicamente, o referido enunciado é expresso por:

$$c^2 = f \cdot \lambda$$

10. Realidade da Aceleração Fotodinâmica

A aceleração fotodinâmica é uma conseqüência direta da inércia do fóton e de sua força eletromagnética.

Einstein demonstrou que:

$$i = W/c^2$$

Max Planck:

$$W = h \cdot f$$

E o eletromagnetismo clássico:

$$c^2 = f^2 \cdot \lambda^2$$

Substituindo convenientemente as três expressões, vem que:

$$i = h \cdot f/\lambda^2 \cdot f^2$$

Porém demonstrei que:

$$e = f/\lambda$$

Logo, resulta que:

$$i = h \cdot e/\lambda \cdot f^2$$

Mas,

$$c = \lambda \cdot f$$

Então, vem que:

$$i = h \cdot e/c \cdot f$$

Porém:

$$f = 1/T$$

Então, pode-se concluir que:

$$i = (h \cdot e) / (c/T)$$

Mas,

$$c/T = f$$

Portanto, resulta:

$$i = h \cdot e/f$$

Capítulo 11
Interação Gravitacional

1. Introdução

No presente capítulo vou procurar demonstrar sob o aspecto clássico que os fótons que compõem uma radiação eletromagnética sofrem a ação de uma força gravitacional.

A referida hipótese permite conceber um sistema onde uma série de fenômenos astronômicos é facilmente explicável e, ao mesmo tempo, estão tão ligados uns aos outros que, alterando-se algo, altera-se todo o sistema.

Um dos temas mais interessantes da Fotodinâmica é a gravitação dos fótons. Nesta parte vou procurar estudar o movimento dos fótons imersos num intenso campo gravitacional.

2. Lei de Newton

Sir Isaac Newton, dotado de uma enorme capacidade de síntese e um profundo conhecimento de matemática, baseando-se nas leis de Kepler, demonstrou que no Universo qualquer partícula que apresenta uma inércia ao interagir com um campo gravitacional qualquer, aparece entre eles uma força de natureza atrativa.

Sabe-se que a intensidade de um campo gravitacional é diretamente proporcional à massa da partícula, inversa pelo quadrado da distância que separa o centro dessa partícula do corpúsculo que interage com o campo considerado.

TEORIA FOTODINÂMICA
Leandro Bertoldo

por: Simbolicamente, o referido enunciado é expresso

$$I = G \cdot M/d^2$$

Ao desenvolver a dinâmica clássica, o cavalheiro Isaac Newton, demonstrou que a intensidade de força atrativa entre as partículas consideradas é igual à intensidade do campo gravitacional multiplicada pela inércia da partícula que se encontra imersa no referido campo.

O referido enunciado é expresso simbolicamente por:

$$F = I \cdot i$$

3. Desvio do Fóton

De acordo com a segunda lei de Newton, posso afirmar que um fóton ao se deslocar nas proximidades de um campo gravitacional sofre um desvio em sua trajetória.

Dessa forma, o movimento dos fótons nas proximidades de um campo gravitacional não é retilíneo e sim aproximadamente curvo. Evidentemente se o movimento de propagação do fóton nas proximidades de um campo gravitacional é curvilíneo, deve haver uma força que provoca a mudança na direção desse movimento de propagação, pois, caso nenhuma força agisse sobre o fóton, seu movimento seria retilíneo. A força que provoca o desvio do fóton de sua trajetória inicial é exatamente a de atração gravitacional.

4. Força Fotogravitacional

Demonstrei na Fotodinâmica que a inércia de um fóton é igual ao quociente da carga radiante, inversa pelo comprimento de onda do pulso eletromagnético que constitui o fóton em produto com a velocidade de propagação do referido pulso.

O referido enunciado é expresso simbolicamente pela seguinte relação:

$$i = h/\lambda \cdot c$$

Sir Isaac Newton, na sua fabulosa segunda lei, estabeleceu generalizadamente que a intensidade de força gravitacional de qualquer partícula é igual à intensidade do campo gravitacional, em produto com a inércia da referida partícula.

Simbolicamente, o referido enunciado é expresso por:

$$F = I \cdot i$$

Então, substituindo convenientemente as duas últimas expressões, resulta que:

$$F = h \cdot I/\lambda \cdot c$$

Desse modo, posso categoricamente, afirmar que a intensidade de força gravitacional que atua sobre um fóton é igual ao valor da carga radiante multiplicada pela intensidade do campo gravitacional, inversa pelo comprimento de onda em produto com a velocidade de propagação do pulso que compõe o fóton.

5. Resposta à Primeira Questão de Newton

Em 1704, Isaac Newton publicou sua Óptica. No Livro III, parte I, propõe uma série de questões, para que

TEORIA FOTODINÂMICA
Leandro Bertoldo

uma pesquisa ulterior fosse feita por outros. A primeira dessas questões versa sobre o seguinte tema, conforme as próprias palavras de Newton:

– "Não agem os corpos sobre a luz a distância e por sua ação não inclinam seus raios? E não é esta ação (*coeteris paribus*) mais intensa na distância menor?"

No período de 1860-1865, o físico escocês Maxwell desenvolveu uma teoria matemática, na qual generalizou os princípios da Eletricidade e demonstrou que a luz é constituída por uma onda eletromagnética, o que mais tarde foi plenamente confirmado.

Hoje sabe-se que a luz é apenas uma radiação eletromagnética numa dada faixa de freqüência. Evidentemente é constituída por fótons como qualquer radiação eletromagnética.

Então através da última expressão, pode-se afirmar que Newton está absolutamente certo, pois quanto mais perto de um corpo mais intensa é a intensidade de força gravitacional atuando sobre o fóton, evidentemente essa força tende a curvar o raio de luz ao passar nas proximidades de seu corpo.

6. Força Fotogravitacional e Força Eletromagnética

Considerarei um fóton de inércia (**i**) se propagando nas proximidades de um corpo de grande massa. Logicamente nas proximidades desse corpo a trajetória do fóton deixará de ser retilínea para ser uma curvilínea qualquer. Vou supor que, num dado instante (**t**) qualquer, sua velocidade vetorial seja igual a (**c**). Como se sabe, a velocidade vetorial muda a cada instante. Pelo princípio da inércia, o fóton deveria continuar para sempre com a mesma velocidade vetorial, ou seja, mesma intensidade, mesma direção e mesmo sentido iniciais, caso nenhuma força sobre

TEORIA FOTODINÂMICA
Leandro Bertoldo

ele atuasse. Porém, o fóton ao passar nas proximidades de um corpo de grande densidade descreve uma trajetória curvilínea. Tendo portanto velocidade vetorial variável, então, concluí-se que existe ao menos uma intensidade de força atuando sobre o fóton. A força responsável pela curvatura da luz; ou seja, pela trajetória curvilínea do movimento é denominada por força fotogravitacional; esta provoca o aparecimento da aceleração centrípeta, que altera somente a direção do vetor velocidade.

A análise exposta refere-se apenas à interação gravitacional entre fóton e matéria. Mas, afirmei que o fóton individualmente tem um movimento variado, isto é, o fóton, independentemente da força gravitacional, sofre uma variação no sentido de sua propagação, posso então concluir pelo princípio fundamental da dinâmica newtoniana, que o fóton apresenta uma força. Essa força é aquela que tenho chamado de força eletromagnética que provoca o aparecimento do que tenho denominado por aceleração fotodinâmica.

A força total que estará atuando sobre o fóton que passa nas proximidades de um corpo de grande massa nada mais é que a soma vetorial das duas forças.

$$R = \uparrow F + \uparrow F$$

7. Fenômeno Fotogravitacional

Quanto maior for a intensidade do campo gravitacional, maior será a intensidade da força de interação.

O campo gravitacional será tanto mais intenso quanto menor for a distância que separa o fóton do centro do campo gravitacional.

Sob o ponto de vista clássico, existem estrelas cujo campo gravitacional é tão intenso que nenhuma forma de radiação eletromagnética consegue escapar para o espaço exterior.

Um exemplo dessas estrelas é aquela chamada por "Buracos Negros". A densidade dessa estrela é tão grande que torna impossível a velocidade da luz vencer a enorme força de gravidade dessa estrela, o que torna a estrela para sempre invisível.

A radiação eletromagnética, a partir do momento em que é irradiada passa a propagar-se na velocidade da luz. Portanto, a velocidade inicial do fóton corresponde à velocidade da luz. Evidentemente a atração gravitacional dos buracos negros tem um limite, nesse caso existe obrigatoriamente um ponto em que a luz não é libertada e nem absorvida. Então, os fótons que compõem a radiação eletromagnética permanecem imóveis ou deslocam-se muito lentamente. Então fica evidente que é possível a existência de fótons gravitacionando em torno de uma grande concentração de massa.

8. Equação do Movimento de um Fóton no Campo Gravitacional

Os fótons imersos no interior de um campo gravitacional estão sempre sob a ação de uma força de origem gravitacional.

Quando o fóton é imitido da superfície de uma estrela, sua velocidade inicial é igual à da luz; porém, devido à atração gravitacional, o módulo da velocidade do referido fóton diminui, então, diz-se que o movimento é retardado. Nesse caso por convenção, a intensidade do campo gravitacional é negativa.

Evidentemente o movimento do fóton no interior do campo gravitacional é "uniformemente variado".

Nesse caso o movimento dos fótons seria classicamente regido pelas fabulosas equações de Galileu Galilei e de Torricelli.

A primeira equação de Galileu, extrapolada para os fótons permite escrever que:

$$v = c_o - I . \Delta t$$

Desse modo, a velocidade de um fóton no interior de um campo gravitacional é igual à velocidade da luz pela diferença entre a intensidade do campo gravitacional multiplicado pelo tempo decorrido do movimento do referido fóton no interior do campo gravitacional.

A equação de Torricelli permite escrever que:

$$v^2 = c^2 - I . d$$

Logo, o quadrado da velocidade de propagação de um fóton no interior de um campo gravitacional é igual ao quadrado da velocidade da luz pela diferença da intensidade do campo gravitacional em produto com a distância percorrida pelo fóton.

9. Interação Gravitacional entre Fótons

Todo fóton de qualquer radiação eletromagnética apresenta uma inércia. Evidentemente essa inércia é a causa principal da interação gravitacional. Logo, torna-se evidente que se dois fótons distintos, separados a uma certa distância, apresentam uma inércia; então, conclui-se que entre os fótons existe uma interação gravitacional. Essa interação gravitacional entre os fótons provoca o aparecimento de uma força atrativa.

Desse modo extrapolando a lei da atração universal de Newton, para a Fotodinâmica, pode-se afirmar que a intensidade da força entre dois fótons é diretamente proporcional ao produto de suas inerciais e inversamente proporcional ao quadrado da distância que separa os referidos fótons.

O referido enunciado é representado simbolicamente pela seguinte expressão:

$$F = G \, i_1 . i_2/d^2$$

No decorrer do presente tratado demonstrei que a inércia de um fóton é igual ao quociente da carga radiante, inversa pelo comprimento de onda multiplicado pela velocidade da luz.

Simbolicamente, o referido enunciado é expresso pela seguinte relação:

$$i = h/\lambda . c$$

Então, considerando dois fótons distintos, ao substituir convenientemente as duas últimas expressões, resulta que:

$$F = G . [(h . h) / (\lambda_1 . c . \lambda_2 . c) / (d^2)]$$

Simplificando os termos em evidência, resulta que:

$$F = G . [(h^2/\lambda_1 . \lambda_2 . c^2) / (d^2/1)]$$

Sabe-se que os produtos dos meios são iguais aos produtos dos extremos. Desse modo conclui-se que:

$$F = G . h^2 / (c^2 . d^2 . \lambda_1 . \lambda_2)$$

Portanto, posso afirmar que a intensidade de força gravitacional entre dois fótons é diretamente proporcional ao quadrado da carga radiante e inversamente proporcional ao quadrado da velocidade da luz multiplicada pelo quadrado da distância que separa os dois fótons em produto com o comprimento de onda de um dos fótons pelo comprimento de onda do outro.

Sabe-se que o comprimento de onda de um fóton é igual ao quociente da velocidade de propagação desse fóton, inversa pela freqüência eletromagnética o referido fóton.

O referido enunciado é expresso simbolicamente pela seguinte relação:

$$\lambda = d/f$$

Ao considerar dois fótons distintos e substituir convenientemente as duas últimas relações, resulta que:

$$F = G \cdot h^2/(c^2 \cdot d^2 \cdot c \cdot c) / (f_1 \cdot f_2)$$

Eliminando os termos em evidência, resulta que:

$$F = G \cdot h^2/(c^4 \cdot d^2) / (f_1 \cdot f_2)$$

Sabendo-se que os produtos dos meios são iguais aos produtos dos extremos, conclui-se que:

$$F = G \cdot h^2 \cdot f_1 \cdot f_2/c^4 \cdot d^2$$

Porém, Max Planck demonstrou que a energia transportada por um fóton é igual à carga radiante multiplicada pela freqüência eletromagnética do fóton.

O referido enunciado é expresso simbolicamente por:

$$W = h \cdot f$$

Então, considerando novamente dois fótons distintos e substituindo convenientemente as duas últimas expressões, resulta que:

$$F = (G/c^4) \cdot (W_1 \cdot W_2/d^2)$$

Porém, através de Maxwell é possível demonstrar que a quarta potência da velocidade da luz é igual ao inverso do quadrado da permeabilidade magnética do vácuo multiplicada pelo quadrado da permitividade elétrica.

Simbolicamente, o referido enunciado é expresso pela seguinte relação:

$$c^4 = 1/\mu^2_0 \cdot \varepsilon^2_0$$

Substituindo convenientemente os dois últimos resultados, pode-se escrever que:

$$F = G/1/(\mu^2_0 \cdot \varepsilon^2_0) \cdot (W_1 \cdot W_2/d^2)$$

Sabendo-se que os produtos dos meios são iguais aos produtos dos extremos, conclui-se que:

$$F = G \cdot \mu^2_0 \cdot \varepsilon^2_0 \cdot W_1 \cdot W_2/d^2$$

Logo, isso me permite afirmar que a intensidade de força gravitacional entre dois fótons é igual a constante de Cadesvich multiplicada pelo quadrado da permeabilidade magnética em produto com o quadrado da permitividade elétrica multiplicada pela energia radiante de cada fóton, inversa pelo quadrado da distância que separa os referidos fótons.

Porém o produto entre (G . μ^2_0 . ε^2_0), resulta simplesmente em uma constante genérica (α). Simbolicamente o referido enunciado é expresso por:

$$\alpha = G . \mu^2_0 . \varepsilon^2_0$$

Então, substituindo convenientemente as duas últimas expressões, posso escrever que:

$$F = \alpha . W_1 . W_2/d^2$$

Logo, posso concluir que a intensidade de força gravitacional entre dois fótons é diretamente proporcional a energia de cada um e inversamente proporcional ao quadrado da distância que separa os referidos fótons.

10. Retenção da Luz

Para que um corpúsculo possa ficar retido num campo gravitacional é necessário que a energia potencial exercida pelo campo sobre o corpúsculo seja superior a energia cinética do corpúsculo.

$$E_P \geq E_C$$

$$E_P = m . g . R$$

$$E_C = m v^2/2$$

$$m . g . R \geq m v^2/2$$

Eliminando os termos em evidência, resulta que:

$$2R . g \geq v^2$$

TEORIA FOTODINÂMICA
Leandro Bertoldo

Considerando que a velocidade de um fóton é a velocidade da luz, tem-se que:

$$2R \cdot g \geq c^2$$

$$g \geq c^2/2R$$

Dentro dessas condições a luz não poderá escapar da força gravitacional da estrela. É interessante observar que dependendo do valor de (**g**) a luz também poderá entrar em órbita.

Capítulo 12
Pressão da Radiação Eletromagnética

1. Introdução

Por intermédio de uma experiência muito interessante, a realidade da pressão da radiação eletromagnética foi comprovada em laboratório; por meio de uma finíssima lâmina de metal suspensa por um fio, em condições de alto vácuo. Quando um feixe de radiação incide sobre a lâmina, ela sofre uma torção. A intensidade de força que a move somente pode ser atribuída aos fótons que constituem a referida radiação.

2. Conceito de Pressão

Quando uma série de fótons atinge uma superfície, aparece um fenômeno classificado por "pressão da radiação eletromagnética".

Define-se por pressão de uma força que atua numa superfície a razão entre a intensidade de força e a área da superfície; ou seja, entre a componente normal da força, à superfície.

Simbolicamente, o referido enunciado é expresso pela seguinte relação:

$$p = F/A$$

3. Unidade de Pressão

Da expressão de definição de pressão, tem-se que:

$$U(p) = U(F)/U(A)$$

Isto simplesmente quer dizer que unidade de pressão é igual à unidade de força, dividida pela unidade de superfície.

As unidades mais empregadas são as seguintes:

a) N/m^2, também conhecida por Pascal (**Pa**),

b) Kgf/m^2.

Além dessas unidades, são usadas outras como:

c) Bar, equivalente a 10^5 N/m^2, ou simplesmente 10^5 Pa.

4. Característica da Pressão da Radiação

Considere uma radiação eletromagnética atingindo uma fina superfície delgada. Como tenho constantemente afirmado a radiação é composta por uma infinidade de partículas, denominadas fótons, que estão em constante movimento, se deslocando na velocidade da luz.

Esses fótons chocam-se na referida superfície delgada, aplicando-lhes impulsos. Como esses choques ocorrem em grande quantidade mais ou menos uniformemente, o resultado final deve obrigatoriamente ser interpretado como se a radiação constituída pelos fótons imprimisse à superfície considerada uma intensidade de força distribuída integralmente sobre toda a superfície. A esta força distribuída sobre uma superfície recebe a denominação "pressão".

Posso afirmar, ainda, que qualquer objeto colocado no meio de uma radiação eletromagnética qualquer ficará sujeito a esses choques e, portanto estaria submetido também à pressão exercida pelos fótons que compõem a radiação.

Assim, torna-se claro que todos os objetos, como toda a superfícies, estão submetidos à pressão exercida pela radiação eletromagnética proveniente da estrela sol.

Devo lembrar que a quantidade de energia dos fótons não é muito grande; porém, mesmo a emissão de uma pequena radiação eletromagnética contém milhões de fótons e portanto, a soma das energias de todos é considerável. A esta soma de energias radiantes dei a denominação de "energia integral da radiação".

Assim, deve-se entender por energia integral da radiação a soma das energias dos fótons que constituem a referida radiação. Quanto maior for a energia radiante, tanto maior será a pressão exercida pela radiação; pois, o choque do fóton contra a superfície será realizado por um maior número de fótons, cada qual transportando uma quantidade de energia maior.

5. Lei para a Pressão da Radiação

Pelo teorema fotodinâmico do impulso eletromagnético do fóton, demonstrei que a intensidade de força oriunda de um fóton é igual ao impulso do mesmo multiplicado pela freqüência eletromagnética.

Simbolicamente, o referido enunciado é expresso por:

$$F = I \cdot f$$

Demonstrei que a quantidade de movimento do fóton é igual ao seu impulso.

Simbolicamente, o referido enunciado é expresso pela seguinte igualdade:

$$q = I$$

TEORIA FOTODINÂMICA
Leandro Bertoldo

Substituindo convenientemente as duas últimas expressões, resulta que:

$$F = q \cdot f$$

Mas, a quantidade de movimento do fóton, é igual ao quociente da carga radiante, inversa pelo comprimento de onda.

O referido enunciado é expresso simbolicamente pela seguinte relação:

$$q = h/\lambda$$

Substituindo convenientemente as duas últimas expressões, resulta que:

$$F = h \cdot f/\lambda$$

Lembrando que, em média, na face da área, age um certo número de fótons, resulta que a variação total da quantidade de movimento transmitido à face na unidade de tempo será expressa por:

$$F = n \cdot h \cdot f/\lambda$$

Porém, a pressão da radiação eletromagnética sobre a face de uma superfície delgada é igual ao quociente da intensidade de força, imersa pela área da referida superfície.

O referido enunciado é expresso simbolicamente pela seguinte relação:

$$p = F/A$$

Portanto, substituindo convenientemente as duas últimas expressões, resulta que:

$$p = n \cdot h \cdot f/\lambda \cdot A$$

Porém, a quantidade de carga radiante que atinge a superfície na unidade de tempo é igual ao número de fótons multiplicado pela carga radiante.

Simbolicamente, o referido enunciado é expresso por:

$$Q = n \cdot h$$

Então, substituindo convenientemente as duas últimas expressões, resulta que:

$$p = (Q \cdot f)/(A \cdot \lambda)$$

A Fotodinâmica prevê que a intensidade do campo eletromagnético de um fóton é igual ao quociente da freqüência eletromagnética inversa pelo comprimento de onda do pulso eletromagnético.

O referido enunciado é expresso simbolicamente pela seguinte relação:

$$e = f/\lambda$$

Substituindo convenientemente as duas últimas expressões, resulta que:

$$p = Q \cdot e/A$$

Logo, posso concluir que a pressão da radiação eletromagnética é igual ao quociente da quantidade de carga radiante, multiplicada pela intensidade do campo eletromagnético do fóton, inversa pela área da superfície bombardeada pelos fótons.

6. Nova Lei para a Pressão da Radiação

Considere uma superfície delgada continuamente bombardeada por fótons de uma radiação eletromagnética.

Seja (**i**), a inércia de cada fóton e (**c**) o módulo de sua velocidade de propagação. Considere um fóton que se desloca numa única direção. Ao colidir com a face da superfície delgada, o fóton imprime uma quantidade de movimento.

Essa quantidade de movimento é igual à inércia do fóton, multiplicada pela velocidade de propagação do referido fóton.

Simbolicamente, o referido enunciado é expresso por:

$$q = i \cdot c$$

O intervalo de tempo decorrido no processamento do choque com a superfície é igual ao período do dito fóton.

Logo, o período de oscilação de um fóton é igual ao quociente do comprimento de onda, inversa pela velocidade de propagação do referido fóton.

O referido enunciado é expresso simbolicamente pela seguinte relação:

$$T = \lambda/c$$

O número de vezes que o fóton colide com a face da superfície na unidade de tempo será expressa por:

$$c/\lambda$$

A variação da quantidade de movimento transmitido à face da superfície pelo fóton na unidade de tempo será dada por:

$$c/\lambda \text{ . i . c}$$

Portanto, resulta que é igual a:

$$i \text{ . } c^2/\lambda$$

Lembrando que, em média, na face da superfície atua um certo número total (**n**) de fótons. Então resulta que a variação total da quantidade de movimento transmitido à face da superfície na unidade de tempo será dada por:

$$n \text{ . i . } c^2/\lambda$$

Pelo teorema do impulso resulta que a força imprimida sobre a face da superfície tem uma intensidade expressa por:

$$F = n \text{ . i . } c^2/\lambda$$

Assim, a pressão da radiação eletromagnética sobre a face de uma superfície é expressa por:

$$p = F/A$$

Então, substituindo convenientemente as duas últimas expressões, resulta que:

$$p = n \text{ . i . } c^2/\lambda \text{ . A}$$

Logo posso concluir que a pressão da radiação eletromagnética é igual ao número de fótons multiplicados pela inércia dos referidos fótons em produto com o quadrado da propagação da velocidade da luz, inversa pelo comprimento de onda multiplicado pela área da superfície bombardeada pelos fótons.

TEORIA FOTODINÂMICA
Leandro Bertoldo

7. Energia da Pressão da Radiação

A energia radiante oriunda de um fóton é igual à inércia do fóton em produto com o quadrado da velocidade de propagação do referido fóton.

Simbolicamente, o referido enunciado é expresso por:

$$W = i \cdot c^2$$

Evidentemente a energia de uma radiação eletromagnética qualquer é igual à soma das energias dos fótons que compõem essa radiação.

Sendo que:

$$p = n \cdot i \cdot c^2/\lambda \cdot A$$

Então, resulta que:

$$p = n \cdot W/\lambda \cdot A$$

Ou então:

$$W = p \cdot \lambda \cdot A/n$$

Logo, posso afirmar que a energia da pressão da radiação eletromagnética é igual ao quociente da referida pressão em produto com o comprimento de onda multiplicada pela área da superfície bombardeada por fótons, inversa pelo número de fótons.

Um dos postulados básicos proveniente da Fotodinâmica e aplicável diretamente ao conceito de pressão de radiação eletromagnética é o fato de que os fótons somente exercem força sobre a superfície quando colidem.

Capítulo 13
Densidade do Fóton

1. Introdução

Neste capítulo procuro introduzir alguns conceitos, como por exemplo densidade de um fóton qualquer.

A densidade eletromagnética do fóton, resulta do fato de que os fótons são campos eletromagnéticos oscilatórios. Esses fótons apresentam uma inércia que depende da intensidade do campo eletromagnético.

Genericamente, posso afirmar que o fóton apresenta uma inércia. Nesse caso ocupa um determinado volume do espaço.

2. Densidade do Fóton

Uma grandeza que em meu estudo será muito útil é o conceito de densidade eletromagnética dos fótons. Essa densidade mede a relação entre a inércia e o volume ocupado por um fóton.

Se (**i**) é a inércia de um fóton e (**V**) o seu volume, a sua densidade (**p**) é igual ao quociente da inércia, inversa pelo volume.

Simbolicamente, o referido enunciado é expresso pela seguinte relação:

$$p = i/V$$

3. Unidade de Densidade

A unidade de densidade é expressa em unidades de inércia, por unidade de volume.

Simbólicamente, resulta que:

$$U(p) = U(I)/U(V)$$

4. Densidade de uma Radiação Eletromagnética

Toda e qualquer radiação eletromagnética é constituída por fótons. Os fótons, por apresentarem inércia, ocupam volume no espaço. Então, torna-se evidente que um conjunto de fótons ocupa um volume maior.

Logo, posso afirmar que a densidade de uma radiação eletromagnética qualquer é igual a soma da inércia de todos os fótons que constituem a referida radiação ($\sum i$), inversa pelo volume ocupado pela referida radiação no espaço (**Vr**).

Simbolicamente, o referido enunciado é expresso pela seguinte relação:

$$p_r = \sum i / V_r$$

5. Densidade Linear Eletromagnética do Fóton

Entendo por densidade linear eletromagnética a variação de uma dimensão, por exemplo, o comprimento de onda de um fóton. Portanto a distribuição da inércia do fóton pode ser feita em termos lineares.

Evidentemente uma distribuição linear se faz através de uma linha.

Fixarei meu estudo fundamentalmente nas distribuições lineares da inércia de um fóton.

TEORIA FOTODINÂMICA
Leandro Bertoldo

Assim, para definir a distribuição da inércia no comprimento de onda de um fóton, é absolutamente necessário introduzir o conceito de "densidade linear eletromagnética do fóton" (σ), que nada mais é do que a quantidade de inércia por unidade de comprimento.

Desse modo, a densidade linear eletromagnética do fóton é igual a inércia do fóton inversa pelo comprimento de onda ao qual o pulso eletromagnético constitui o fóton.

O referido enunciado é expresso simbolicamente pela seguinte relação:

$$\sigma = i/\lambda$$

A unidade de densidade linear eletromagnética é medida em unidades de inércia por unidades de comprimento.

Simbolicamente, estou afirmando que:

$$U(\sigma) = U(i)/U(\lambda)$$

6. Relação entre a Equação da Densidade Linear e a Inércia

Em capítulos anteriores demonstrei largamente que o fóton apresenta uma inércia igual ao quociente da carga radiante, inversa pela freqüência multiplicada pelo quadrado do comprimento de onda do pulso eletromagnético que constitui o fóton.

Simbolicamente, o referido enunciado é expresso por:

$$i = h/f \cdot \lambda^2$$

Afirmei que a densidade linear eletromagnética do fóton é igual ao quociente de sua inércia, inversa pelo comprimento de onda do pulso eletromagnético.

TEORIA FOTODINÂMICA

O referido enunciado é expresso simbolicamente pela seguinte relação:

$$\sigma = i/\lambda$$

Então, substituindo convenientemente as duas últimas expressões, resulta que:

$$i = \sigma . \lambda = h/f . \lambda^2$$

Logo, vem que:

$$\sigma = h/f . \lambda^3$$

Desse modo, posso afirmar que a densidade linear eletromagnética do fóton é igual ao quociente da carga radiante, inversa pela freqüência multiplicada pelo cubo do comprimento de onda do pulso eletromagnético.

Posso afirmar através de capítulos anteriores que a inércia de um fóton é igual ao quociente da carga radiante, inversa pela velocidade da luz, multiplicada pelo comprimento de onda.

Simbolicamente, o referido enunciado é expresso por:

$$i = h/c . \lambda$$

Então, vem que:

$$\lambda = h/i . c$$

A densidade linear eletromagnética do fóton permite escrever que:

$$\lambda = i/\sigma$$

Substituindo convenientemente as duas últimas expressões, resulta que:

$$i/\sigma = h/i \cdot c$$

Assim, vem que:

$$i^2 = h \cdot \sigma/c$$

Desse modo, posso afirmar que o quadrado da inércia de um fóton é igual ao quociente da carga radiante em produto com a densidade linear eletromagnética do fóton, inversa pela velocidade de propagação do fóton.

7. Força específica do fóton

Assim como apresentei o conceito de densidade, também posso definir uma grandeza que meça não a inércia por unidade de volume, mas a força por unidade de volume:

$$\mu = \text{força/volume}$$

Como

$$F = i \cdot f$$

Onde(f) é a aceleração fotodinâmica do fóton.

Logo resulta que:

$$\mu = i \cdot f/V$$
$$\sigma = i/V$$
$$\mu = \sigma \cdot f$$

TEORIA FOTODINÂMICA
Leandro Bertoldo

Capítulo 14
Intensidade de Radiação do Fóton

1. Introdução

Defino que a radiação eletromagnética do fóton como sendo constituída por cargas radiantes que se propagam numa região do espaço.

2. Partículas de Matéria

São corpos onde os fótons são absorvidos com extrema facilidade.

3. Intensidade da Radiação do Fóton

Tomarei uma região plana qualquer do espaço, que esteja sendo atravessada por um fóton.

Posso tomar, também, uma partícula de matéria que esteja absorvendo um fóton.

Nessas condições, digo que existe uma relação de proporção direta entre a carga radiante que atravessa a região plana ou que é absorvida pela matéria e o período de tempo necessário para que tal fenômeno ocorra, ou seja:

$$h/T \equiv constante$$

A esse quociente denominei por intensidade da radiação eletromagnética de um fóton. Desse modo posso afirmar que a intensidade da radiação eletromagnética de um fóton é igual ao quociente da carga radiante inversa pelo período de oscilação do pulso eletromagnético que constitui o fóton.

O referido enunciado é expresso simbolicamente pela seguinte relação:

$$I = h/T$$

4. Unidade de Intensidade de Radiação Eletromagnética

No sistema internacional, proponho que essa unidade seja denominada Maxwell (M), cuja definição demonstrarei em estudos posteriores da Fotodinâmica.

5. Energia Potencial Radiante do Fóton

Como afirmei, em fotodinâmica o fóton apresenta energia potencial devido ao fato de propagar-se em um comprimento de onda em relação às suas extremidades.

A energia transportada pelo fóton pode ser utilizada para realizar um determinado trabalho. Como a energia que o fóton possui depende de seu comprimento de onda, pode então ser considerado como sendo uma energia potencial. No referido caso, ela será denominada por "energia potencial radiante" ou simplesmente "energia radiante".

O trabalho realizável pela força eletromagnética associada ao fóton é dado por:

$$\vartheta = F \cdot \lambda$$

Como a variação de energia do fóton mede o trabalho do mesmo, deverei ter que:

$$W = F \cdot \lambda$$

Demonstrei que a intensidade de força de um fóton é igual a carga radiante multiplicada pela intensidade do campo eletromagnético.

Simbolicamente, o referido enunciado é expresso por:

$$F = h \cdot e$$

Substituindo convenientemente as duas últimas expressões, resulta que:

$$W = h \cdot e \cdot \lambda$$

O produto ($e \cdot \lambda$), que denominei por freqüência eletromagnética do fóton, sendo sua representação caracterizada por (f):

$$f = e \cdot \lambda$$

Então, vem que:

$$W = h \cdot f$$

6. Potência da Radiação Eletromagnética

Vou considerar uma carga radiante; em outros termos, um fóton deslocando-se em um comprimento de onda no período de oscilação eletromagnético.

Como demonstrei a energia ou o trabalho que provem de cada fóton é expresso por:

$$W = h . f$$

Por outro lado, a potência da radiação de um fóton pode ser assim representada:

$$p = W/T$$

Então, substituindo convenientemente as duas últimas expressões, obtém-se que:

$$p = h . f/T$$

Porém, demonstrei que a intensidade da radiação eletromagnética de um fóton é igual ao quociente da carga radiante, inversa pelo período de oscilação eletromagnética do fóton.

O referido enunciado é expresso simbolicamente pela seguinte relação:

$$I = h/T$$

Então, substituindo convenientemente as duas últimas expressões, resulta que:

$$p = I . f$$

Logo, posso afirmar que a potência da radiação eletromagnética de um fóton é igual à intensidade da radiação desse fóton multiplicada pela freqüência eletromagnética do referido fóton.

7. Energia Radiante e Intensidade da Radiação

No presente capítulo demonstrei que a intensidade da radiação eletromagnética de um fóton é igual ao quociente

TEORIA FOTODINÂMICA
Leandro Bertoldo

da carga radiante, inversa pelo período de oscilação eletromagnética.

O referido enunciado é expresso simbolicamente pela seguinte relação:

$$I = h/T$$

Porém, em capítulos anteriores demonstrei que o período de oscilação eletromagnética do fóton é igual ao inverso da freqüência eletromagnética.

Simbolicamente, o referido enunciado é expresso por:

$$T = 1/f$$

Substituindo convenientemente as duas últimas expressões, resulta que:

$$I = h \cdot f$$

No entanto demonstrei que na lei de Max Planck a energia de um fóton; ou seja, o quantum energético do fóton é igual ao valor da carga radiante multiplicada pela freqüência eletromagnética do fóton.

Simbolicamente, o referido enunciado é expresso por:

$$W = h \cdot f$$

Então, substituindo convenientemente as duas últimas expressões, resulta que:

$$I = W$$

TEORIA FOTODINÂMICA
Leandro Bertoldo

Logo, posso afirmar que a intensidade da radiação eletromagnética de um fóton é igual ao valor da energia radiante transportada pelo mesmo.

8. Fótons e Elétrons

Quando um fóton atinge um elétron livre, a energia desse fóton é integralmente absorvida pelo elétron durante um intervalo de tempo igual ao período de oscilação eletromagnética do fóton.

Então, admitindo-se a hipótese de que um único elétron é capaz de absorver vários fótons seguidamente, vou procurar estabelecer o comportamento do referido elétron.

Considere três fótons absorvidos por um único elétron. Cada um desses fótons apresenta energias iguais a (W_1, W_2 e W_3).

Esse elétron deverá obrigatoriamente apresentar as seguintes características:

A) *Quantidade de energia*

Suponha-se que um elétron absorve integralmente cada um dos fótons. Evidentemente, a quantidade de energia total desse elétron, nada mais é que a soma das quantidades parciais que absorve de cada um dos fótons.

Portanto, resulta que:

$$W = W_1 + W_2 + W_3$$

Generalizado o referido resultado, posso escrever que:

$$W = W_1 + W_2 + ... + W_{n-1} + W_n$$

$$W = n \cdot W_i$$

B) *Freqüência do elétron que absorve vários fótons*

Neste parágrafo vou mostrar que numa mesma radiação eletromagnética, a freqüência do elétron não varia com o número de fótons absorvido pelo elétron, mas permanece constante e igual à freqüência da radiação.

Para tanto considere os seguintes postulados:

b_1 - Um elétron absorve integralmente os fótons.

b_2 - A energia total do elétron é a soma das energias parciais dos fótons.

$$W = W_1 + W_2 + W_3 + ... + W_n$$
$$W = h \cdot f_1 + h \cdot f_2 + h \cdot f_3 + ... + h \cdot f_n$$

Evidentemente, a energia total é expressa por:

$$W = n \cdot h \cdot f$$

Portanto:

$$W = Q \cdot f$$

Pois

$$Q = n \cdot h$$

Então, resulta que:

$$Q \cdot f = h \cdot f_1 + h \cdot f_2 + h \cdot f_3 + ... + h \cdot f_n$$
$$f = h \cdot f_1/Q + h \cdot f_2/Q + h \cdot f_3/Q + ... + h \cdot f_n/Q$$
$$f = h \cdot f_1/n \cdot h + h \cdot f_2/n \cdot h + h \cdot f_3/n \cdot h + ... + h \cdot f_n/n \cdot h$$

$$f = f_1/n + f_2/n + f_3/n + ... + f_n/n$$

Então, vem que:

$$f = (f_1 + f_2 + f_3 + ... + f_n) / n$$

Em uma mesma radiação eletromagnética todos os fótons que compõem a referida radiação estão oscilando numa mesma freqüência.

Isso permite escrever que:

$$f_1 = f_2 = f_3 = ... = f_n$$

Então, substituindo convenientemente as duas últimas expressões, resulta que:

$$f = n . f/n$$

$$f_c = f_F$$

Isso permite concluir que um elétron oscila sempre na freqüência da radiação, não importando o número de fótons que venha a absorver.

C)   *Freqüência de um elétron após absorver um fóton*

O grande físico francês De Broglie demonstrou que o comprimento de onda de um elétron é expresso pelo quociente da carga radiante inversa pela quantidade de movimento do elétron.

Simbolicamente, o referido enunciado é expresso por:

$$\lambda_e = h/q_e$$

TEORIA FOTODINÂMICA
Leandro Bertoldo

Porém, tanto a física clássica quanto a física quântica, demonstram que a energia de uma partícula qualquer, seja ela um elétron ou um fóton, é igual ao valor da quantidade de movimento dessa partícula multiplicada pela velocidade da mesma.

Simbolicamente, para um elétron, o referido enunciado é expresso por:

$$W_e = q_e \cdot v_e$$

Essa expressão permite escrever que a velocidade do elétron e a seguinte:

$$v_e = W_e/q_e$$

Porém, a física quântica demonstra que o elétron está intimamente associado a uma onda.

Estão, pela mecânica ondulatória, posso afirmar que a velocidade de um elétron é igual ao comprimento de onda do referido elétron em produto com a freqüência de oscilação da onda associada ao elétron.

O referido enunciado é expresso simbolicamente por:

$$v_e = \lambda_e \cdot f_e$$

Igualando convenientemente as duas últimas expressões, resulta que:

$$W_e/q_e = \lambda_e \cdot f_e$$

Porém, quando um elétron absorve um fóton, a energia desse fóton é transformada integralmente em inércia cinética pelo elétron.

Evidentemente, não ocorrendo perdas, a energia do elétron é igual à do fóton.

Então, com relação à última expressão, posso escrever que:

$$h \cdot f_F/q_e \cdot \lambda_e = f_e$$

Mas, de acordo com "De Broglie" o comprimento de onda do elétron é expresso por:

$$\lambda_e = h/q_e$$

Logo, substituindo convenientemente as duas últimas expressões, resulta que:

$$\lambda_e \cdot f_F/\lambda_e = f_e$$

Eliminando os termos em evidência, vem que:

$$f_F = f_e$$

Desse modo posso afirmar categoricamente que um elétron, após absorver um fóton, passa a apresentar uma freqüência exatamente igual à do fóton.

Isso, de acordo com as condições imposta na demonstração da referida conclusão.

Capítulo 15
Teoria Fotocinética

1. Introdução

As moléculas de um sólido a uma temperatura qualquer estão sempre em movimento vibratório. Evidentemente esse movimento caótico tem uma origem mais profunda, além dos conceitos clássicos de Termodinâmica.

2. Matéria e Fóton

A matéria e a radiação eletromagnética numa interação agem mutuamente um sobre o outro; isto é, a matéria sobre a radiação emitindo, refletindo, refratando e infletindo alguns fótons que compõem a radiação, e a radiação sobre a matéria aquecendo-a e colocando suas moléculas em um movimento vibratório, no qual consiste o calor.

Quando uma radiação eletromagnética atinge a matéria alguns fótons dessa radiação são absorvidos pelas moléculas dessa matéria. A energia desses fótons absorvidos põe as referidas moléculas em um movimento vibratório, o que ocasiona na matéria a sensação de calor.

Os fótons que não são absorvidos na incidência da radiação permanecem associados aos seus respectivos pulsos, sendo refletido, refratado etc.

Desse modo, o calor nada mais é do que uma interação entre fóton e matéria; ou seja, agitação: vibração molecular.

TEORIA FOTODINÂMICA
Leandro Bertoldo

3. Fogo

O fogo nada mais é do que um corpo aquecido a tal ponto que emite fótons copiosamente em todas as direções e sentidos.

4. Agitação Molecular

a) Robert Brown em 1827 observou pela primeira vez que o pólen em suspensão na água apresentava um contínuo e desordenado movimento. Em homenagem a esse cientista, esse movimento desordenado de pequenas partículas foi denominado por "movimento browniano".

Mais tarde, o movimento browniano foi observado em outras situações como, por exemplo, no movimento de partículas de fumaça no ar.

b) Albert Einstein em 1905 estudou o movimento browniano e relacionou-o com a teoria atômica-molecular. Segundo Einstein, as partículas de pólen movimentam-se por serem bombardeadas pelas moléculas do fluído, que também tem movimento desordenado. As pequenas partículas de pólen agem como moléculas muito grandes e seus movimentos devem ser análogos aos das moléculas. Segundo Einstein, a agitação molecular segue as mesmas leis gerais que o movimento browniano.

c) Em 1980 propus que o movimento das moléculas de um fluído ou de um sólido qualquer é originado por um bombardeamento contínuo de fótons, em todas as direções. Além do movimento oriundo do choque entre as próprias moléculas do fluído. Quando uma molécula absorve um fóton, ocorre a transformação da energia radiante em energia cinética o que origina a conhecidíssima agitação molecular.

5. Teoria Fotocinética dos Gases

A partir da noção do movimento molecular e do fóton, passarei a propor o que tenha chamado por "Teoria Fotocinética dos Gases".

A Teoria Fotocinética estuda um modelo microscópico do comportamento das moléculas de um gás qualquer.

Essa teoria aceita o fato de as leis quânticas e clássicas regem o comportamento das moléculas de um gás.

Então, proponho as seguintes hipóteses em sua aplicação:

1º. Hipótese: As moléculas de um gás adquirem energia em porções descontínuas.

2º. Hipótese: As moléculas absorvem integralmente a energia dos fótons incidentes.

3º. Hipótese: As moléculas somente apresentam uma energia cinética quando absorvem a energia radiante do fóton.

Os comportamentos das moléculas de um gás são estudados pelas leis básicas da mecânica newtoniana e pelas leis fundamentais da mecânica quântica.

6. Quantidade de Movimento de uma Molécula

Na presente teoria vou procurar estabelecer algumas leis quantitativas que influenciam o comportamento das

TEORIA FOTODINÂMICA
Leandro Bertoldo

moléculas de um gás ideal. Evidentemente, as referidas leis confirmarão a realidade da teoria que estou propono.

Então considere os seguintes postulados:

A Mecânica Newtoniana mostra que energia de uma partícula é igual a sua quantidade de movimento multiplicada pela velocidade em que a mesma se desloca.

Simbolicamente, o referido enunciado é expresso por:

$$W = q \cdot v$$

Logo, a energia da molécula de um gás ideal é expressa pela referida equação.

No entanto quando uma molécula do gás absorve um fóton; a energia desse fóton é transformada em energia cinética na molécula. Evidentemente a referida energia cinética é absolutamente igual à energia radiante do fóton.

De acordo com a equação de Max Planck a energia radiante de um fóton é igual ao valor da carga radiante multiplicada pela freqüência eletromagnética do fóton.

O referido enunciado é expresso simbolicamente por:

$$W = h \cdot f$$

Igualando convenientemente as duas últimas equações, resulta que:

$$h \cdot f = q \cdot v$$

Então posso escrever que:

$$q = h \cdot f/v$$

Logo, posso afirmar que uma molécula de um gás ideal, após absorver um fóton, apresenta uma quantidade de movimento igual ao quociente da carga radiante multiplicada pela freqüência eletromagnética do fóton absorvido inversa pela velocidade média em que a referida molécula se desloca.

7. Temperatura e Fóton

As partículas constituintes de um gás estão em movimento desordenado. Este movimento é denominado por agitação molecular. Assim, cada molécula do gás é caracterizada de uma energia cinética própria. A soma das energias cinéticas individuais de todas as moléculas constitui a energia térmica do gás.

Quanto mais intensa a agitação térmica das moléculas, maior será a energia cinética de cada uma e, em conseqüência, maior as temperaturas.

A energia cinética por molécula não pode ser confundida com a energia térmica total do corpo. Assim, o fato de haver maior ou menor número de moléculas altera a energia térmica total do corpo, mas, se cada molécula continua com a mesma energia cinética que possuía, o grau de agitação é o mesmo; portanto, a temperatura é a mesma.

De acordo com o notável físico austríaco, Ludwig Boltzmann, a energia cinética média de uma molécula de um gás ideal é diretamente proporcional à temperatura absoluta do referido gás.

Simbolicamente, o referido enunciado é expresso por:

$$e_c = k \cdot T$$

Logo, conclui-se que a energia cinética média por molécula de um gás não depende da natureza específica do

TEORIA FOTODINÂMICA
Leandro Bertoldo

gás. Portanto, gases diferentes à mesma temperatura possuem igual energia cinética média por molecular.

A Teoria Fotocinética de Leandro propõe que a energia cinética da molécula de um gás é oriunda da energia radiante do fóton absorvido pela referida molécula. Então a agitação térmica está diretamente relacionada com radiação eletromagnética, o que vem a constituir o fabuloso efeito Newton.

Evidentemente a energia cinética de uma molécula é igual à energia radiante do fóton absorvido pela referida molécula.

Então, substituindo convenientemente a equação de Planck na equação de Boltzmann, oculta que:

$$h \cdot f = k \cdot T$$

Assim, vem que:

$$T = h/k \cdot f$$

Porém o quociente da carga radiante pela constante de Boltzmann, resulta em uma constante genérica.

Destarte, o referido enunciado é expresso por:

$$h/k = \alpha$$

Substituindo convenientemente as duas últimas expressões, resulta que:

$$T = \alpha \cdot f$$

Essa equação permite afirmar que a temperatura de um gás ideal é diretamente proporcional à freqüência eletromagnética dos fótons que constituem a radiação eletromagnética que atingem esse gás.

Essa lei permite concluir que a temperatura de um gás não depende da natureza específica do gás. Depende apenas da freqüência da radiação eletromagnética.

Assim, gases distintos, submetidos a uma radiação eletromagnética de mesma freqüência, apresentam uma mesma temperatura. Logo possuem igual energia cinética média por molécula.

Portanto a temperatura é uma característica da matéria e não da radiação.

Desse modo, proponho que um termômetro colocado em um tubo em alto vácuo, após a passagem de uma radiação eletromagnética nesse tubo, não registrará nenhuma variação na temperatura. No entanto se esse tubo apresentar matéria, o termômetro colocado no referido tubo, após a passagem da radiação, registrará uma variação de temperatura.

Portanto, a radiação ao deslocar no vácuo não apresenta nenhuma quantidade de calor; nenhuma elevação de temperatura.

A temperatura e o calor somente ocorrem na matéria. Pois a radiação ao atingir a matéria, põe as suas moléculas em um movimento vibratório do qual consiste o calor.

Onde não existe matéria, a radiação não pode produzir calor. Pois o calor é um fenômeno essencialmente característico da matéria.

Desse modo, a matéria age sobre a radiação e a radiação sobre a matéria.

Todo fóton está associado a um pulso eletromagnético; então, o fóton é absorvido pela molécula fornecendo sua energia que produz as vibrações e outros fótons são refletidos como onda.

8. Equação de Clapeyron

A expressão conhecida como equação de Clapeyron, válida para os gases ideais é expressa pelo seguinte enunciado:

A pressão de um gás qualquer é diretamente proporcional ao número de moles desse gás em produto com a temperatura absoluta e inversamente proporcional ao volume do referido gás.

Simbolicamente, o referido enunciado é expresso por:

$$p = R \cdot n \cdot T/V$$

Demonstrei que a temperatura absoluta de um gás está diretamente relacionada com a radiação eletromagnética. A temperatura é diretamente proporcional à freqüência da radiação.

Simbolicamente, o referido enunciado é expresso por:

$$T = \alpha \cdot f$$

Substituindo convenientemente as duas últimas expressões, resulta que:

$$p = R \cdot \alpha \cdot n \cdot f/V$$

Porém, o produto entre (R) e (α), resulta em uma constante genérica (K).

Logo, a última expressão permite escrever que:

$$p = K \cdot n \cdot f/V$$

Portanto, a pressão de um gás ideal é diretamente proporcional ao número de moles em produto com a freqüência da radiação incidente e inversamente proporcional ao volume.

A energia cinética de um gás é expresso por:

$$W_c = 3/2 \; n \, . \, R \, . \, T$$

De acordo com a equação fundamental da Fotocinérica, a temperatura alcançada por um gás é expressa por:

$$T = \alpha \, . \, f$$

Então, substituindo convenientemente as duas últimas expressões, resulta que:

$$W_c = 3/2 \; R \, . \, n \, . \, \alpha \, . \, f$$

Portanto, generalizando todas constantes, resulta que:

$$W_c = K \, . \, n \, . \, f$$

Logo, posso afirmar que a energia cinética de um gás é diretamente proporcional ao número de moles em produto com a freqüência eletromagnética da radiação incidente.

Como:

$$p \, . \, V = K \, . \, n \, . \, f$$

Resulta que:

$$W_c = p \, . \, V$$

TEORIA FOTODINÂMICA
Leandro Bertoldo

9. Os Sólidos e os Fótons

Quando uma bigorna é martelada rapidamente, as moléculas que constituem sua estrutura cristalina entram num movimento vibratório, o qual consiste o calor. Essa bigorna torna-se tão quente que inflama enxofre atirado sobre ela.

No efeito Newton, as moléculas que constituem a estrutura cristalina do metal absorvem os fótons que incidem sobre elas. A energia oriunda dos fótons coloca as referidas moléculas numa vibração.

Os corpos negros absorvem totalmente a radiação eletromagnética incidente, de tal forma que a grande quantidade de fótons no interior da estrutura cristalina da matéria atingem constantemente e intensamente os átomos dessa estrutura, o que vem a causar uma vibração muito grande, e em conseqüência uma grande quantidade de calor.

Mesmo depois de um grande intervalo de tempo os fótons no interior da matéria continuam a excitar os átomos da estrutura cristalina em seu movimento vibratório, mesmo depois da radiação deixar de incidir sobre o referido corpo. Esses fótons continuam sendo absorvidos pelos átomos até que todos sejam totalmente consumidos.

Pois os átomos de uma estrutura cristalina, em seus movimentos vibratórios, comportam apenas uma determinada quantidade de energia.

Os átomos estão em uma estrutura cristalina, e estão absolutamente fixos através das ações de forças interatômicas.

Então, os fótons de uma radiação qualquer atingem esses átomos, que entram em movimento vibratório. Evidentemente esse movimento vibratório é devido a ação de forças interatômicas, que os mantém os átomos ou moléculas fixas num determinado ponto da estrutura cristalina e das forças oriundas da ação dos fótons.

TEORIA FOTODINÂMICA
Leandro Bertoldo

Vou procurar explicar as referidas vibrações da melhor maneira possível em termos energéticos.

Em uma estrutura cristalina qualquer, os átomos que a constituem estão em equilíbrio devido à ação de forças atrativas e repulsivas.

Quando um fóton é absorvido por um dos átomos que constitui a referida estrutura cristalina, a energia radiante desse fóton é absorvida e integralmente transformada em energia cinética no dito átomo. Evidentemente esse átomo se desloca de sua posição inicial de equilíbrio. À medida que se desloca, sua energia cinética é transformada em energia potencial. Quando o átomo atinge uma determinada posição sua energia cinética é nula, nesse caso sua velocidade é nula, então devido a forças atrativas o átomo retorna à sua posição inicial de equilíbrio. Porém, a medida que retorna, passa a ganhar novamente energia cinética; quando passa pela posição de equilíbrio sua velocidade é máxima. Ao passar por essa posição de equilíbrio, o referido átomo sofre a ação de forças repulsivas, que tende novamente a transformar a energia cinética do átomo em energia potencial. Quando sua velocidade é nula, o átomo tende a restituir-se para sua posição de equilíbrio.

A repetição sucessiva desse fenômeno constitui a vibração dos átomos que é responsável pelo calor.

Em sua vibração o átomo transforma energia cinética em potencial e vice-versa, ao mesmo tempo em que perde uma parcela sob a forma de energia radiante. Nesse caso num dado instante o átomo tende a permanecer em sua posição inicial de equilíbrio. Então se pode concluir que a energia radiante emitida pelo fóton é bem menor do que a energia radiante do fóton absorvido.

Quando todos os fótons são absorvidos pelos referidos átomos e nenhuma radiação atinge mais a matéria, os átomos aos poucos perdem seu movimento vibratório devido a ação de força interatômicas. Esse átomo deve necessariamente emitir a energia que absorveu. A seguir a emite sob a forma de radiação que pode ser luminosa ou obscura, independentemente da característica da fonte de radiação incidente.

Capítulo 16
Teoria Newtoniana para o Fóton

1. Introdução

Sir Isaac Newton (1642-1727), dotado de uma genial intuição, ao criar a Óptica Física, fez uma série de deduções fundamentais sobre a natureza corpuscular da radiação e que, dois séculos depois, provaram ser realidade.

Destarte, há quase três séculos, esse célebre físico apresentou a teoria de que a luz era composta por pequenas partículas, às quais somente Planck e Einstein no século XX denominaram por fótons (do grego *foto*; que significa luz).

Atualmente os fótons são considerados como concentrações energéticas, fundamentais em todas as radiações eletromagnéticas.

2. Isaac Newton

O cavalheiro Newton, imortal físico inglês, morreu no mês de março do ano de mil setecentos e vinte e sete.

Foi enterrado como um rei que tivesse feito grandes conquistas para sua nação e para os seus súditos. Segundo Voltaire, nações disputaram carregar o seu caixão.

No decorrer de sua longa existência nunca teve ilusões e nem fraquezas. Segundo todos os indícios, exceto um breve relacionamento na juventude, jamais se aproximou de mulher alguma.

Sir Isaac Newton foi o homem que deu um golpe mortal na Filosofia Aristotélica e destruiu integralmente o Sistema da Física Cartesiana criada por René Descartes.

TEORIA FOTODINÂMICA
Leandro Bertoldo

Descartes foi um dos primeiros filósofos modernos a tentar explicar a natureza da luz e a dinâmica mecanicista do movimento dos corpos celestes.

Uma das grandes descobertas de Newton refere-se à natureza da luz. Foi o primeiro a observar que a teoria ondulatória da luz não explicava satisfatoriamente uma série de fenômenos, que somente eram explicados se a luz fosse considerada como partículas. Isso está expresso em sua Óptica publicada em 1704. Para Newton, a luz seria constituída por corpúsculos emanados dos corpos luminosos.

3. Teoria Newtoniana em Termos Atuais

A radiação eletromagnética é constituída por ondas associadas a corpúsculos muito pequenos emitidos de qualquer substância a uma temperatura qualquer diferente de zero absoluto. Sendo a radiação eletromagnética constituída por corpúsculos, elas explicam perfeitamente as seguintes propriedades observadas:

a) Tais partículas passam através de meios uniformes em linhas retas sem se curvar na sombra, a qual é a natureza dos fótons.

b) Esses corpúsculos são também capazes de apresentar uma série de propriedades mecânicas, e são capazes de conservar essas propriedades imutáveis ao passar através de vários meios, a qual constitui uma outra condição dos fótons.

c) Substâncias transparentes agem sobre os fótons à distância refratando-os, refletindo-os e influenciando-os e o fótons reciprocamente agitam os átomos daquelas substâncias o que vem a causar a sensação de calor; e esta ação e reação se parece muito a uma força de interação entre corpos.

d) Nada mais se requer para produzir toda variedade de cores e graus de refrangibilidade, a não ser que a radiação eletromagnética seja constituída por corpúsculos de energias diferentes.

No que se refere ao espectro visível; o menor energia dos fótons pode ficar violeta, a mais fraca e mais escura das cores, e ser mais facilmente desviado por superfícies do curso direto.

À medida que esses corpúsculos (fótons) são cada vez mais energéticos, eles podem produzir cores mais fortes e mais claras e ser mais dificilmente desviado.

De acordo com Newton, nada mais requer para que os fótons seja facilmente refletidos e facilmente transmitidos, além de que eles sejam corpúsculos que por seu quantum energético, que por sua intensidade discreta de força, excitam a matéria provocando as vibrações dos átomos das estruturas cristalinas do metal ao qual incide.

Essas vibrações que, sendo mais rápidas do que as freqüências eletromagnéticas dos fótons, as alcançam sucessivamente, e os agitam de forma a, por sua vez, aumentar ou diminuir suas freqüências, e assim torna-las facilmente refletidos e facilmente transmitidos.

e) A refração incomum do cristal da Islândia é claramente efetuada pela ação de forças atrativas provenientes do campo eletromagnético do fóton.

O fóton apresenta partes que constituem o campo elétrico e parte que constituem o campo magnético.

Desse modo ao atravessar o cristal da Islândia a parte do campo elétrico do fóton sofre uma atração pela força elétrica dos átomos que constituem a estrutura cristalina. Pois não fosse pela ação do campo elétrico dos átomos, que constituem a estrutura do cristal em um único sentido, e não em outro, e a qual inclina e curva os fótons em direção à costa de refração incomum, os fótons que incidem perpendicularmente no cristal não seriam refratados em direção àquela costa antes do que em direção a qualquer outra costa, tanto em sua incidência como em sua emergência. Desse modo, ao emergir perpendicularmente por uma situação oposta a da costa de refração incomum na segunda superfície; a força do átomo da estrutura cristalina age sobre os fótons depois de atravessado o cristal e emergindo no vácuo.

Para mostrar experimentalmente que o fóton e as partículas elétricas, nas proximidades um do outro, sofrem a ação de uma força mútua; considere que os átomos que constituem a estrutura cristalina são eletricamente positivos e os fótons são constituídos por um campo eletromagnético.

Então considere uma observação experimental de Newton: Desde que os átomos da estrutura cristalina não agem sobre os fótons a não ser quando um dos seus sentidos de refração incomum olha em direção à costa, isto prova sem margem de dúvida que existe um campo de força naqueles lados dos fótons que sofrem a ação dos átomos da estrutura cristalina. Como uma atração eletrostática, cuja intensidade de força de refratar os fótons perpendiculares é muito grande no cristal da Islândia e menor no cristal de rocha.

TEORIA FOTODINÂMICA
Leandro Bertoldo

Capítulo 17
Efeito Foto-Elétrico Clássico

1. Introdução

Quando uma radiação eletromagnética incide sobre a superfície de um metal, elétrons podem ser expulso dessa superfície. Este fenômeno foi dramaticamente descoberto em 1887 por Heinrich Rudolf Hertz (1857-1894), é conhecido pelo nome de "efeito foto-elétrico" ou "efeito hertz".

Os elétrons expulsos da superfície de um metal são chamados por "foto-elétrons".

2. Einstein

O fenômeno do "efeito foto-elétrico" ou "efeito hertz" jamais teve uma explicação satisfatória pelos postulados da Física Clássica. Porém, em 1905, Albert Einstein desenvolveu uma teoria levando em consideração a quantização da energia proposta por Max Planck em 1900.

3. Postulados de Einstein

No início do século XX, Albert Einstein fundamentou a sua teoria foto-elétrica nos seguintes postulados:

a) No "efeito hertz", um fóton da radiação incidente ao atingir o metal tem sua energia (**h. f**) completamente transferida para um elétron;

b) A interação entre fóton e elétron ocorre instantaneamente, semelhante à colisão de duas partículas.

c) Na colisão fóton-elétron o elétron do metal fica com uma energia adicional (**W = h. f**) proveniente do fóton absorvido.

4. Concordância com Planck

A teoria foto-elétrica de Einstein sugere que a luz ou qualquer outra forma de radiação eletromagnética é formada por "corpúsculos", conhecidos como "fótons".

Os fótons somente podem ser absorvidos pelo metal de forma inteira e completa, não sendo possível a existência de qualquer fração de fóton. Portanto, os fótons são absorvidos instantaneamente e inteiramente, mas apenas um por vez.

Tais afirmações concordam plenamente com as hipóteses de Planck. Com sua teoria, Einstein pode explicar corretamente que a energia do elétron deve aumentar com a freqüência e não tem nada a ver com a intensidade da radiação, fato que a Física Clássica não conseguia explicar.

5. Função do Trabalho

Para que o elétron possa escapar do metal, é necessário que ele venha a adquirir uma quantidade mínima de energia para vencer os choques com os átomos vizinhos e a atração dos núcleos desses átomos.

Portanto, existe uma energia mínima necessária para um elétron possa escapar do metal. Essa energia corresponde a um trabalho (ϕ) denominado por "função de trabalho" do metal.

O valor da função de trabalho do metal é uma grandeza física característica particular de cada metal.

6. Equação foto-elétrica de Einstein

Quando o elétron recebe uma quantidade de energia adicional (**h . f**), proveniente do fóton incidente, esta energia deve ser suficiente para superar a função de trabalho (ϕ) do metal, para que o elétron possa escapulir de sua interação com as demais partículas elementares que constituem o metal. A energia excedente passa a ser conservada pelo elétron na forma de energia cinética, isto é:

$$E_{CMX} = W - \phi$$

Essa energia é chamada de energia cinética máxima (E_{CMX}) porque outros elétrons menos favorecidos são emitidos com menor energia cinética.

Então, com relação à última expressão, pode-se afirmar que a energia cinética máxima (E_{CMX}) que um elétron apresentas ao escapar da superfície de um metal é igual ao valor da quantidade de energia integral do fóton absorvido pela diferença da energia perdida no processamento da função de trabalho do metal (ϕ).

Porém, a energia do fóton absorvido pelo elétron é igual à carga radiante multiplicada pela freqüência eletromagnética do referido fóton.

Simbolicamente, o referido enunciado é expresso por:

TEORIA FOTODINÂMICA
Leandro Bertoldo

$$W = h \cdot f$$

Substituindo convenientemente as duas últimas expressões, resulta que:

$$E_{CMX} = (h \cdot f) - \phi$$

Mas, a física clássica mostra que a energia cinética máxima (E_{CMX}) de uma partícula é igual à metade da massa dessa partícula ($m/2$) multiplicada pelo quadrado da velocidade máxima (v^2_{mx}) da referida partícula.

O referido enunciado é expresso simbolicamente pela seguinte relação:

$$E_{CMX} = 1/2 \ m \cdot v^2_{mx}$$

Então substituindo convenientemente as duas últimas expressões, obtém-se que:

$$1/2 \ m \cdot V^2_{mx} = (h \cdot f) - \phi$$

Essa expressão é denominada por equação foto-elétrica de Einstein.

7. Equação Foto-Elétrica de Millickan

O cientista americano Robert Millikan foi o primeiro a demonstrar experimentalmente a teoria fotoelétrica de Albert Einstein.

Ele demonstrou ainda que, existe uma freqüência mínima (f_0), na qual o elétron escapará, se a energia que ele receber do fóton ($h \cdot f_0$) for igual à energia requerida no processamento da função de trabalho do metal (ϕ). Então, conclui-se que a função de trabalho é igual ao valor carga radiante em produto com a freqüência mínima.

Simbolicamente, o referido enunciado é expresso por:

$$\phi = h \cdot f_0$$

Substituindo convenientemente a referida expressão na equação foto-elétrica de Einstein, vem que:

$$1/2 \cdot m \cdot v^2_{mx} = h \cdot (f - f_0)$$

Essa equação é denominada por equação foto-elétrica de Millikan.

8. Intensidade da Radiação

Fazendo-se incidir fótons na superfície de um metal, têm-se os fóto-eletrons que apresentam energia até um valor máximo (E_{CMX}). Aumentando-se a intensidade da radiação incidente; isto é, aumentando-se o número de fótons incidentes aumenta-se o número de fóto-elétrons expulsos. Entretanto, a energia recebida por um elétron, ao absorver um fóton, é sempre a mesma. Era exatamente isso que a física clássica não explicava.

Em 1921, Einstein recebeu o prêmio Nobel, especialmente pelo desenvolvimento de sua teoria sobre o efeito foto-elétrico.

Em 1924, Millickan recebeu o prêmio Nobel, pelo seu árduo trabalho na demonstração experimental da teoria foto-elétrica de Einstein.

9. Velocidade de Escape do Elétron

Um elétron num metal tem sua função trabalho representada por (ϕ). Para poder escapar do metal é obvio que esse elétron deverá apresentar uma quantidade mínima de energia cinética que seja superior ou igual à sua função trabalho.

$$E_c \geq \phi$$

$$E_C = m \cdot v_0^2/2$$

$$m \cdot v_0^2/2 \geq \phi$$

$$v_0^2 \geq 2\phi/m$$

$$v_0 \geq \sqrt{2} \cdot \sqrt{\phi/m}$$

A velocidade mínima (v_0) é chamada de velocidade de escape do elétron.

10. Quantidade de Movimento do Foto-elétron

Quando uma radiação eletromagnética incide sobre uma superfície metálica, elétrons podem ser expulsos dessa superfície com uma determinada quantidade de movimento (q).

Porém, verificou-se experimentalmente que, para os elétrons escapar do metal é necessário que ele tenha uma quantidade mínima de energia para vencer os choques com os átomos vizinhos e a atração dos núcleos desses átomos. Em outros termos, parte da energia dos fótons absorvidos pelos elétrons é empregada para fazer o elétron ultrapassar a barreira da superfície do metal.

Essa energia mínima necessária utilizada para um elétron escapar do metal, faz com que ele perca uma quantidade de movimento mínima (Ω) denominada por "função quantidade de movimento" do metal.

Portanto, quando o elétron é atingido pelo fóton, a quantidade de movimento (**q**) deste é transmitido instantaneamente e integralmente ao elétron. Porém, parte dessa quantidade de movimento é empregada no processamento da ultrapassagem da barreira da superfície do metal. A quantidade de movimento restante é conservada pelo elétron; e, evidentemente, este se desloca pelo espaço após se livrar da barreira da superfície metálica.

Então conclui-se que a quantidade de movimento oriundo do fóton é igual a quantidade de movimento empregado no processamento da função trabalho, adicionado com a quantidade de movimento do fóton-elétron ejetado.

Simbolicamente, o referido enunciado é expresso por:

$$q = \Omega + q_{mx}$$

Chamei a quantidade de movimento do elétron de máxima (**q**$_{mx}$), porque outros elétrons menos favorecidos são emitidos com menor quantidade de movimento.

Com relação à última expressão, pode-se escrever que:

$$q_{mx} = q - \Omega$$

A física mostra que a quantidade de movimento de uma partícula é igual à massa do elétron multiplicada pela velocidade máxima.

Simbolicamente, o referido enunciado é expresso por:

$$q_{mx} = m \cdot v_{mx}$$

Substituindo convenientemente as duas últimas expressões, resulta que:

$$m \cdot v_{mx} = q - \Omega$$

Em capítulos anteriores, demonstrei que a quantidade de movimento de um fóton é igual ao quociente da carga radiante, inversa pelo comprimento de onda.

O referido enunciado é expresso simbolicamente pela seguinte relação:

$$q = h/\lambda$$

Então, substituindo convenientemente as duas últimas expressões, resulta que:

$$m \cdot v_{mx} = (h/\lambda) - \Omega$$

Evidentemente, considerando a função quantidade de movimento, existe um "comprimento de onda mínimo" (λ_0), na qual o elétron escapará, se a quantidade de movimento que lhe foi transmitida pelo fóton (h/λ_0) for igual à quantidade de movimento (Ω).

Desse modo, posso afirmar que a quantidade de movimento no processamento da função trabalho é igual ao quociente da carga radiante; inversa pelo comprimento de onda mínimo.

O referido enunciado é expresso simbolicamente pela seguinte relação:

$$\Omega = h/\lambda_0$$

Substituindo convenientemente as duas últimas expressões, resulta que:

$$m \cdot v_{mx} = h/\lambda - h/\lambda_0$$

Assim, vem que:

$$m \cdot v_{mx} = h \cdot (1/\lambda - 1/\lambda_0)$$

Ou:

$$m \cdot v_{mx} = h \cdot (\lambda^{-1} - \lambda_o^{-1})$$

11. Potência Cinética do Foto-Elétron

Demonstrei em capítulos anteriores que a potência de ação de um fóton é igual a sua carga radiante em produto com o quadrado da freqüência eletromagnética do pulso que o constitui.

Simbolicamente, o referido enunciado é expresso por:

$$p = h \cdot f^2$$

Quando um fóton atinge um elétron, ele é totalmente absorvido pelo referido elétron, absorvendo sua potência ($h \cdot f^2$). Essa interação ocorre instantaneamente; ou seja, na velocidade da luz, de acordo com o princípio de Einstein na Mecânica Relativística.

Porém, parte da energia dessa potência é empregada na forma de trabalho, para o elétron escapar do metal. Essa potência mínima necessária para um elétron escapar do metal, corresponde a uma potência de trabalho (φ) do metal. Evidentemente o valor dessa potência de trabalho é um elemento característico de cada metal, pois em uns metais os

TEORIA FOTODINÂMICA
Leandro Bertoldo

elétrons estão ligados mais fortemente do que em outros metais.

Logo, quando o elétron recebe a potência adicional (**h . f²**) proveniente do fóton incidente, esta deve ser suficiente para superar a "potência de trabalho" (**φ**) do metal, para que o elétron possa escapa; o excesso de potência passa a ser conservada pelo elétron.

Então, conclui-se que:

$$h . f^2 = \varphi + p_{mx}$$

Logo, posso afirmar que a potência do fóton é igual à potência de trabalho adicionada com a potência do elétron livre.

Desse modo, pode-se escrever que:

$$p_{mx} = h . f^2 - \varphi$$

Chamei essa potência de máxima (**p_{mx}**), pelo fato que outros elétrons menos favorecidos são emitidos com menor potência.

Logicamente, existe uma freqüência mínima (**f_0**), na qual o elétron escapará, se a potência que ele recebeu do fóton (**h . f^2_0**) for igual à potência de trabalho (**φ**).

Desse modo, posso afirmar que a potência de função trabalho é igual à carga radiante multiplicada pelo quadrado da freqüência mínima.

Simbolicamente, o referido enunciado é expresso por:

$$\varphi = h . f^2_0$$

Então, substituindo convenientemente as duas últimas expressões, resulta que:

$$p_{mx} = h \cdot f^2 - h \cdot f^2_0$$

Colocando os termos em evidência, resulta que:

$$p_{mx} = h \cdot (f^2 - f^2_0)$$

De acordo com a referida equação, fazendo-se incidir fótons na superfície de um metal, emitem-se foto-elétrons que apresentam uma potência até (p_{mx}). Essa potência é sempre a mesma para qualquer elétron do metal.

12. Rendimento do Foto-Elétron – Primeira Expressão

Considere a interação entre um fóton e um elétron qualquer. Evidentemente nessa interação a potência total (p_t) do fóton é integralmente absorvida pelo elétron. Porém apenas uma parte dessa potência é realmente utilizada externamente pelo elétron. Essa potência útil (p_u) é evidentemente inferior à potência total (p_t), perdendo (p_0) (potência perdida) pelo mais variados motivos, entre os quais se destacam os choques entre os átomos vizinhos e a atração dos núcleos desses átomos.

O rendimento (η) (letra grega "éta") mede a relação do efetivamente utilizado (p_u) para o total recebido (p_t).

Simbolicamente, o referido enunciado é expresso pela seguinte relação:

$$\eta = p_u/p_t$$

O rendimento logicamente é uma grandeza adimensional, pois é uma relação de grandezas medida na mesma unidade.

É interessante multiplicar o resultado obtido por 100, exprimindo-o em porcentagem.

Leandro Bertoldo

O referido enunciado é expresso simbolicamente pela seguinte igualdade:

$$\eta\% = \eta \cdot 100$$

A potência total é igual à carga radiante multiplicada pelo quadrado da freqüência eletromagnética do fóton.

Simbolicamente, o referido enunciado é expresso por:

$$p_t = h \cdot f^2$$

Demonstrei que a potência utilizada externamente pelo foto-elétron é igual ao valor da carga radiante multiplicada pelo quadrado da freqüência eletromagnética do fóton pela diferença do quadrado da freqüência mínima limite.

O referido enunciado é expresso simbolicamente por:

$$p_u = h \cdot (f^2 - f^2_0)$$

Então, substituindo na fórmula do rendimento, resulta que:

$$\eta = h \cdot (f^2 - f^2_0)/h \cdot f^2$$

Eliminando os termos em evidência, resulta que:

$$\eta = (f^2 - f^2_0)/f^2$$

Logo, vem que:

$$\eta = f^2/f^2 - f^2_0/f^2$$

Novamente eliminando os termos em evidência, resulta que:

$$\eta = 1 - f^2_0/f^2$$

A referida expressão corresponde ao máximo rendimento que pode ser obtido externamente no efeito foto-elétrico de um metal.

13. Rendimento do Foto-Elétron – Segunda Expressão

O rendimento do efeito foto-elétron do fóton-elétron emitido pode ser expresso por uma outra equação.

Essa segunda equação para o rendimento, implica que o mesmo é igual ao quociente da energia útil, inversa pela energia total.

Então posso escrever que:

$$\eta = \text{Energia útil/Energia total}$$

Simbolicamente, o referido enunciado é expresso por:

$$\eta = \vartheta/W$$

Porém, Einstein demonstrou que a energia cinética de um fóton elétron é igual à energia total absorvida pelo fóton pela diferença da função de trabalho.

Simbolicamente, o referido enunciado é expresso por:

$$\vartheta = W - \phi$$

Então, substituindo convenientemente as duas últimas expressões, resulta que:

$$\eta = (W - \phi)/W$$

Logo, eliminando os termos em evidência, resulta que:

$$\eta = 1 - (\phi/W)$$

Nas expressões a pouco enunciadas, as quantidades energéticas foram consideradas em módulos.

Sabe-se que a função de trabalho do metal é igual à carga radiante multiplicada pela freqüência mínima limite.

Simbolicamente, o referido enunciado é expresso por:

$$\phi = h \cdot f_0$$

Verificou-se que a energia total absorvida por um elétron é igual à carga radiante multiplicado pela freqüência eletromagnética do fóton.

Simbolicamente, o referido enunciado é expresso por:

$$W = h \cdot f$$

Substituindo convenientemente as três últimas expressões, resulta que:

$$\eta = 1 - [(h \cdot f_0)/(h \cdot f)]$$

Eliminando os termos em evidência, vem que:

$$\eta = 1 - (f_0/f)$$

14. Relação Entre Rendimento de Freqüência e de Energia

Demonstrei que:

$$\eta = 1 - (\phi/W)$$

Também demonstrei que:

$$\eta = 1 - (f_0/f)$$

Igualando convenientemente as duas últimas expressões, resulta que:

$$1 - (\phi/W) = 1 - (f_0/f)$$

Então, vem que:

$$1 - 1 = \phi/W - f_0/f$$

Portanto, resulta que:

$$0 = \phi/W - f_0/f$$

Desse modo, vem que:

$$f_0/f = \phi/W$$

Portanto, isso vem a demonstrar que as quantidades energéticas absorvida pelo elétron e consumida na função de trabalho do metal são proporcionais às respectivas freqüências.

TEORIA FOTODINÂMICA
Leandro Bertoldo

Capítulo 18
Eletrização por Efeito Foto-Elétrico

1. Introdução

Quando uma radiação eletromagnética, incide sobre a superfície de um metal, elétrons podem ser expulsos dessa superfície. Este fenômeno, descoberto por Hertz em 1887, é denominado por "efeito foto-elétrico" ou "efeito hertz". Os elétrons expulsos são chamados de "foto-elétrons".

Num átomo em seu estado natural o número de prótons é igual ao número de elétrons. Nessas condições o átomo é eletricamente neutro porque as cargas estão em equilíbrio elétrico.

Porém, ao atritar um bastão de vidro num tecido de lã, ocorre um arrebatamento 0de elétrons entre o bastão e o pano de lã, de modo que um fica com falta de elétrons e o outro com excesso de elétrons.

Os corpos que apresentam excesso ou falta de elétrons são chamados por "corpos eletrizados" e diz-se que possuem carga elétrica.

Um corpo com excesso de elétrons apresenta carga elétrica negativa. O corpo que cede elétrons apresenta carga elétrica positiva.

Ora, se uma radiação eletromagnética é capaz de arrancar elétrons de uma superfície, então também é capaz de deixar a referida superfície eletrizada positivamente.

Dessa maneira, proponho no presente estudo um processo para alterar o equilíbrio existente na matéria normal, entre a quantidade de carga positiva e negativa, criando assim o que é denominado por corpos eletrizados.

No efeito hertz, um fóton da radiação incidente, ao atingir a superfície, é completamente absorvido por um único elétron. Essa interação ocorre na velocidade da luz, semelhante à colisão de duas partículas, ficando, então, o elétron da superfície com uma energia adicional (**h . f**).

A expulsão do elétron da superfície do metal deixa a mesma eletrizada positivamente.

Desse modo, se houver luz ou qualquer outra forma de radiação incidente sobre uma superfície, haverá pelo menos um fóton que o atinge; este fóton será imediatamente absorvido por algum átomo, provocando a imediata emissão de um foto-elétron, e portanto, a superfície fica com falta de elétron.

2. Energia foto-eletrostática

Para compreender melhor o processo de eletrização por efeito hertz, considere a superfície de um corpo, inicialmente neutra.

Quando uma radiação eletromagnética incide sobre a referida superfície, um fóton da radiação é completamente absorvido por um único elétron dessa superfície. Esse elétron absorve a energia do fóton e então é arremessado para fora da superfície. Assim, sendo, a superfície perde alguns de seus elétrons e portanto torna-se eletrizada positivamente.

Sabe-se que a energia eletrostática de um corpo é igual à quantidade de carga elétrica em excesso multiplicada pela diferença de potencial eletrostático.

Simbolicamente, o referido enunciado é expresso por:

$$W_e = Q . V$$

A menor carga elétrica encontrada na natureza é a carga de um elétron ou de um próton. Estas cargas são iguais em valor absoluto, constituindo a chamada "carga elementar".

$$e = 1,6 \cdot 10^{-19} C$$

Sendo (**n**) o número de elétrons expulsos ou então o número de prótons em excesso de um corpo eletrizado positivamente, sua carga elétrica, em módulo, vale:

$$Q = n \cdot e$$

Isso vem a mostrar que a carga elétrica de um corpo não existe em quantidades contínuas, mas sim múltiplas da carga elementar.

Aumentando-se a energia da radiação incidente, isto é, aumentando-se o número de fótons incidentes, aumenta-se o número de foto-elétrons que são arremessados da superfície do metal. Portanto, o número de fótons e o número de elétrons expulsos devem, obrigatoriamente, corresponder-se. Pois, um fóton da radiação incidente é completamente absorvido por um único elétron. Isto então leva a uma quantização de fótons.

Sendo (**n**) o número de fótons absorvidos pelos elétrons da superfície; então a quantidade de fótons, ou as chamadas cargas radiantes, vale:

$$q = n \cdot h$$

Sabendo-se que o número de elétrons expulsos é igual ao número de fótons absorvidos pelos referidos elétrons; então, igualando convenientemente as duas últimas expressões, resulta que:

$$q/h = Q/e$$

De acordo com a referida expressão, pode-se escrever que:

$$Q = q \cdot e/h$$

Logo, posso afirmar que a quantidade de carga elétrica é igual à quantidade de carga radiante multiplicada pela carga elementar, inversa pela carga radiante elementar.

Porém, acontece que as grandezas (**e**) e (**h**) são constantes de caráter absoluto, portanto a razão entre ambas, simplesmente resulta em uma constante generalizada.

Simbolicamente, o referido enunciado é expresso pela seguinte relação:

$$\alpha = e/h$$

Desse modo, substituindo convenientemente as duas últimas expressões, resulta que:

$$Q = \alpha \cdot q$$

Assim, pode-se afirmar que a carga elétrica de um corpo eletrizado por efeito foto-elétrico é diretamente proporcional à quantidade de fótons absorvidos pelos elétrons do referido corpo.

Verificou-se que a energia eletrostática de um corpo é expresso por:

$$W_e = Q \cdot V$$

Substituindo convenientemente as duas últimas expressões, resulta que:

$$W_e = \alpha \cdot q \cdot V$$

Então, posso concluir que a energia eletrostática é diretamente proporcional à quantidade de carga radiante multiplicada pela diferença de potencial eletrostático.

Capítulo 19
Equação Foto-Térmica

1. Introdução

A primeira e mais direta evidência experimental da existência dos átomos resultou dos estudos quantitativos sobre o movimento browniano.

O movimento browniano é assim chamado por causa do botânico inglês Robert Brown; este cientista descobriu em 1827, que os grãos de pólen suspensos em água movimentam-se continuamente de modo caótico, quando observados ao microscópio. Inicialmente esse movimento foi considerado como uma forma de vida, mas logo os cientistas puderam constatar que pequenas partículas inorgânicas apresentavam o mesmo comportamento.

Não houve explicação quantitativa desse fenômeno até o desenvolvimento da teoria cinética. Em 1905, Albert Einstein desenvolveu a teoria do movimento browniano e relacionou-o com a teoria atômico-molecular: as partículas de pólen movimentam-se por serem bombardeadas pelas moléculas de fluído, que também tem movimento desordenado. As pequenas partículas agem como moléculas muito grandes e seus movimentos devem ser análogos aos das moléculas.

Caso a causa do movimento das partículas de pólen seja devido ao movimento caótico das moléculas, então procurei de saber qual é a causa do movimento das moléculas.

Foi por isso que em 1980 procurei desenvolver uma teoria do movimento browniano relacionada com a teoria foto-molecular. Meu objetivo principal nesse trabalho é o de encontrar fótons que garantem tanto quanto possível a agitação molecular.

Minha suposição fundamental é que as moléculas de um fluído que participam do movimento térmico do meio apresentam em média por molécula uma energia cinética de translação (**3/2 k . T**), caracterizada por (**h . f**), de acordo com o princípio da eqüipartição da energia.

Logo, segundo esse ponto de vista, o movimento browniano resulta do impacto das moléculas do fluído com as partículas suspensas, que adquirem desse modo a mesma energia cinética que as moléculas. Estas por sua vez apresentam uma agitação térmica, que resulta da absorção da energia dos fótons da radiação incidente sobre as moléculas, que adquirem desse modo a mesma energia que os fótons.

As moléculas são continuamente bombardeadas pelos fótons que são espalhados em todas as direções. Se as moléculas e o número de fótons são suficientemente grandes, o mesmo número de fótons se choca contra elas em todos os lados, a cada instante. Se as moléculas forem pequenas e os fótons poucos, o número destes que se chocam a cada instante com as moléculas, nas várias direções, é uma questão de acaso e evidentemente ocorrerão flutuações. Então, em cada instante atua na molécula uma resultante não nula que a acelera ao acaso.

A agitação térmica proporciona uma importante verificação experimental das hipóteses de teoria cinética das cavidades.

As moléculas agitadas estão sob a influência da gravidade e das interações intermoleculares; não fosse o bombardeio de fótons, que se opõe a essa tendência, elas se aglutinaram e se depositariam no fundo do recipiente que as contém.

2. Hipóteses

Desse modo quando uma radiação eletromagnética incide sobre um fluído, as moléculas desse fluído entram em agitação térmica.

Esse efeito não foi cogitado por Einstein, como mostrei em parágrafos anteriores. Por isso em 1980, desenvolvi uma teoria, levando em consideração a quantização da energia. Essa quantização obedece às seguintes hipóteses:

1º) O fóton ao atingir um fluído é completamente absorvido pela molécula com uma energia adicional.

2º) Essa interação ocorre na velocidade da luz, semelhante à colisão de duas partículas.

3º) Os fótons são absorvidos um de cada vez, não existindo frações de um fóton.

4º) A energia absorvida pela molécula é conservada sob a forma de energia cinética.

5º) A energia da molécula deve aumentar com a freqüência.

6º) Quanto maior for a intensidade da radiação; isto é, quanto maior for o número de fótons incidentes, maior será o número de moléculas que entram em agitação térmica.

3. Equação Foto-Térmica

Quando a molécula recebe a energia adicional proveniente do fóton incidente, ela é conservada pela molécula sob a forma de energia cinética.

Dessa forma proponho a seguinte equação foto-térmica:

$$e_c = 3/2 \; k \cdot T = h \cdot f$$

$$3/2 \cdot k \cdot T = h \cdot f$$

A referida expressão traduz perfeitamente as hipóteses de um gás ideal. Quando o gás é real, é necessário que a molécula tenha uma quantidade mínima de energia para vencer a atração entre as demais moléculas. Essa energia mínima corresponde a um trabalho (ϕ), denominado "função de trabalho do fluído", e varia de gás para gás, o excesso de energia é conservado pela molécula na forma de energia cinética, isto é:

$$h \cdot f = \phi + e_c$$

Ou:

$$e_c = h \cdot f - \phi$$

Substituindo (e_c) por ($3/2 \; k \cdot T$), na expressão da energia cinética, tem-se que:

$$3/2 \; k \cdot T = h \cdot f - \phi$$

Essa expressão é denominada por equação foto-térmica.

Existe uma freqüência mínima (f_0), na qual a molécula se movimenta, se a energia que ela recebeu do fóton ($h \cdot f_0$) for igual à energia (ϕ). Então, ($h \cdot f_0 = \phi$) e a equação foto-térmica pode ser escrita da seguinte forma:

$$3/2 \; k \cdot T = h \cdot (f - f_0)$$

$$T = 2h/3k \cdot (f - f_0)$$

Como a expressão (**2h/3k**) são valores constantes pode-se escrever que:

$$T = \alpha . (f - f_0)$$

Assim, fazendo-se incidir fótons em um gás, as moléculas deste tem energia (e_c). Aumentando-se a energia da radiação incidente, isto é aumentando-se o número de fótons incidentes, aumenta-se o número de moléculas que constituem a agitação térmica. Entretanto, a energia recebida por uma molécula, ao absorver um fóton, será sempre a mesma.

TEORIA FOTODINÂMICA
Leandro Bertoldo

Capítulo 20
Sobre a Natureza dos Fótons

1. Introdução

A teoria Fotodinâmica forneceu a base que pode tornar possível uma nova visão no desenvolvimento da Física Quântica. Mostrei como essa teoria facilita a compreensão das formulas quânticas, dos fenômenos de radiação e do efeito hertz. A teoria fotoelétrica está diretamente vinculada na Fotodinâmica e permite relacionar o comportamento da radiação com as propriedades de seus fótons constituintes.

Estou agora apto a estender a teoria Fotodinâmica numa outra direção, desta vez com o objetivo de explicar propriedades tais como a estrutura do fóton, geométrica do fóton e etc. Para tratar destas áreas deve-se em primeiro lugar conseguir alguma compreensão da natureza dos fótons.

2. Considerações sobre o Momento Angular do Fóton

O comprimento dos fótons e dos campos elétricos e magnéticos que os constituem tem sido objeto de extensa pesquisa teórica durante todo este ano. Devo admitir que, até o presente momento, meu conhecimento da estrutura fotonica detalhada é ainda incompleto. Muito progresso foi realizado, mas ainda resta muita coisa por investigar e comprovar. Neste capítulo se incluirá um modelo para explicar os arranjos e comportamento do campo eletromagnético que constitui o fóton.

Creio que a melhor maneira de compreender a estrutura do fóton é examinar algumas das experiências e relações teóricas em que se baseia. É de conhecimento geral que as experiências se explicam melhor mediante a teoria. Entre as experiências menciona-se o momento angular do fóton. Esse fenômeno terá uma grande utilidade no estudo da estrutura do fóton e servirá para ilustrar uma importante área de experiências relacionadas com a teoria Fotodinâmica.

Não é muito divulgado o fato dos fótons poderem transportar um momento angular. As propriedades da polarização circular sugerem que os fótons possuem associado a eles um momento angular. A demonstração experimental de tal propriedade foi realizada 1936, por Beth. Ele demonstrou que, quando a luz circularmente polarizada atravessa uma placa birrefrigente, esta experimenta um conjugado de reação.

As experiências que se seguiram demonstraram que o momento angular transportando pelo fóton desempenha um papel muito significativo na compreensão da emissão luminosa pelos átomos e raios gama emitido pelos núcleos atômicos.

Quando o fóton deixa o átomo transportando um momento angular verifica-se que o momento angular do átomo modifica-se exatamente no mesmo valor. Isto é natural, posto que de outra forma não seria conservado o momento angular do sistema isolado "átomo-fóton".

Destarte, os átomos e as moléculas somente mostram-se em certos estados, caracterizados por momentos angulares definidos. Quando um átomo ou uma molécula muda o seu estado de equilíbrio, absorve ou emite exatamente a quantidade de momento angular suficiente para levá-lo ao outro estado permitido.

O momento angular dos sistemas considerados somente pode existir em estados discretos (quantizados).

TEORIA FOTODINÂMICA
Leandro Bertoldo

Uma mudança no estado do momento angular de um sistema desta natureza implica a absorção ou emissão de uma quantidade de momento angular. Evidentemente, os estados do momento angular de átomos e moléculas podem ser descritos pelo conjunto de números quânticos.

3. Expressão do Momento Angular do Fóton

A Física Clássica e a Física Quântica prevêem que, quando um feixe de luz circularmente polariza for completamente absorvida pelo objeto no qual esteja incidindo, será cedido um momento angular igual ao quociente da energia de um fóton, inversa pela freqüência angular do referido fóton.

O referido enunciado é expresso simbolicamente pela seguinte relação:

$$L = W/\omega$$

A referida expressão é demonstrada da seguinte maneira:

Sabe-se que o momento angular de uma partícula qualquer é igual a sua inércia multiplicada pela sua velocidade em produto com o raio da referida partícula.

Simbolicamente, o referido enunciado é expresso pela seguinte equação:

$$L = m \cdot v \cdot R$$

A cinemática dos movimentos circulares mostra que o raio é igual ao quociente da velocidade linear, inversa pela velocidade angular.

O referido enunciado é expresso simbolicamente pela seguinte relação:

$$R = V/\omega$$

Substituindo convenientemente as duas últimas expressões, obtém-se que:

$$L = m . v . v/\omega$$

Logo, vem que:

$$L = m . V^2/\omega$$

Essa expressão traduzida para as partículas elementares permite escrever que:

$$L = W/\omega$$

4. Igualdade entre Freqüência e Velocidade Angular

Sabe-se que a freqüência eletromagnética de um fóton é igual ao quociente da velocidade de propagação do fóton, inversa pelo comprimento de onda associado ao referido fóton.

Simbolicamente, o referido enunciado é expresso pela seguinte relação:

$$f = c/\lambda$$

Foi demonstrado que a velocidade de propagação de uma partícula é igual à velocidade angular multiplicada pelo comprimento de onda.

O referido enunciado é expresso simbolicamente pela seguinte equação:

$$c = \omega . \lambda$$

Então substituindo convenientemente as duas últimas expressões, obtém-se que:

$$f = \omega . \lambda/\lambda$$

Eliminando os termos em evidência, resulta que:

$$f = \omega$$

Isso permite afirmar que a freqüência eletromagnética do fóton é absolutamente igual à sua velocidade angular.

Logo, posso escrever que:

$$L = W/f$$

Isso permite afirmar que o momento angular de um fóton é igual ao quociente de sua energia, inversa pela freqüência eletromagnética do mesmo.

Mas, a energia oriunda de um fóton é igual ao valor absoluto da carga radiante multiplicada pela freqüência eletromagnética, conforme a seguinte equação:

$$W = h . f$$

Então, substituindo convenientemente as duas últimas expressões, obtém-se que:

$$L = h . f/f$$

Eliminando os termos em evidência, resulta que:

$$L = h$$

Isso significa que o fóton transporta um momento angular igual ao valor absoluto de sua carga radiante.

A referida expressão estabelece que toda e qualquer forma de radiação eletromagnética deve obrigatoriamente ser caracterizada por uma quantidade de momento angular absolutamente constante. No entanto, se tal evento não ocorrer, conclui-se que o fóton é caracterizado por um número quântico que pode tomar qualquer valor positivo inteiro. Essa conclusão é a única solução matemática que pode ser obtida pela Fotodinâmica para problemas referentes ao momento angular transportado por um fóton numa radiação eletromagnética. Esse número inteiro serve para denotar os estados de equilíbrio de um fóton e torna possível o cálculo do momento angular nestes estados. Isso permite concluir que cada radiação eletromagnética é caracterizada por um número quântico.

Fundamentado nessa observação posso escrever que o momento angular transportado por um fóton é igual ao número quântico em produto com o valor absoluto da carga radiante.

Simbolicamente, o referido enunciado é expresso pela seguinte equação:

$$L = n \cdot h$$

Como o valor da carga radiante é uma constante absoluta para qualquer tipo de radiação eletromagnética e como o momento angular varia de fóton de uma radiação para fóton de outra radiação; assim conclui-se que o número quântico considerado é um valor que caracteriza os fótons de cada radiação eletromagnética. Ou seja, o fóton apresenta um momento angular que varia de maneira descontínua de uma radiação eletromagnética para outra.

5. Quantidade de Movimento e Momento Angular

Sabe-se que o momento angular que caracteriza um dado fóton é igual a sua inércia em produto com sua velocidade de propagação multiplicada pelo comprimento de onda associado a esse fóton.

Simbolicamente, o referido enunciado é expresso pela seguinte equação:

$$L = i \cdot c \cdot \lambda$$

Porém, demonstrei que a quantidade de movimento de um fóton é igual a sua inércia em produto com a velocidade de propagação do referido fóton.

Simbolicamente, o referido enunciado é expresso pela seguinte equação:

$$Q = i \cdot c$$

Substituindo convenientemente as duas últimas expressões, obtém-se que:

$$L = Q \cdot \lambda$$

Isso permite afirmar que o momento angular transportado por um fóton é igual a sua quantidade de movimento multiplicada com o seu comprimento de onda.

6. Postulados

Essa característica e muitas outras que não foram levadas em consideração devem ser explicadas por qualquer modelo bem sucedido da estrutura fotônica. Além disso, a precisão extremamente grande das medidas experimentais impõe graves exigências na precisão com a qual esse modelo deve ser capaz de prever as características quantitativas das experiências efetuadas.

Com esse fundamento em 1980 procurei desenvolver um modelo que apresentasse concordância quantitativa precisa com alguns dos dados experimentais. Esse modelo é fascinante no sentido de que a matemática envolvida é de fácil compreensão.

Embora o leitor tenha visto alguma coisa sobre o modelo em discussão ao estudar Fotodinâmica, vou considerá-lo em detalhes, a fim de obter os resultados que serão necessários para comparação em outras deduções da presente obra. Devendo ser dada uma maior atenção aos postulados nos quais foi fundamentado o modelo proposto. Estes postulados são os seguintes:

a) *Primeiro Postulado*

O fóton de uma radiação se propaga a pontos distantes através da mútua formação de campos elétricos e magnéticos variáveis. Esses dois campos constantemente se adicionam em sua propagação pelo espaço se movendo em uma trajetória igual ao comprimento de onda sob influência da ação eletromagnética entre campos, obedecendo às leis da Fotodinâmica.

b) *Segundo Postulado*

Os campos elétrico e magnético se adicionam em uma trajetória estacionária na qual o seu momento angular orbital (**L**) é um valor absoluto da carga radiante (**h**).

c) *Terceiro Postulado*

Apesar desses campos estarem constantemente sob a ação da força eletromagnética resultante; um fóton não emite externamente nenhuma forma de energia. Portanto, naquele sistema a energia total (**W**) quantizada permanece constante.

7. Comentários Sobre os Postulados

O primeiro postulado baseia o presente modelo na constante adição de campos elétricos e magnéticos efetuada através de sua trajetória. O segundo postulado introduz a quantização. Devendo ficar atento na diferença existente entre a quantização do momento angular de um fóton sob a influência de uma força eletromagnética inversamente proporcional ao quadrado do comprimento de onda.

$$L = n \cdot h$$
$$n = 1, 2, 3, ..., n - 1, n$$

É a quantização de Einstein da energia. Evidentemente, a quantização do momento angular eletromagnético do fóton leva à quantização de sua energia total, mas com uma equação de energia distinta daquela estabelecida por Planck.

8. Modelo de Fóton

O fundamento para aceitação dos postulados somente pode ser encontrado quando se compara a previsão que podem ser obtidas a partir dos postulados com os resultados experimentais conhecidos.

TEORIA FOTODINÂMICA
Leandro Bertoldo

Considere um fóton constituindo por um campo elétrico e magnético que constantemente se adicionam em sua propagação através de uma trajetória com comprimento de onda igual a (λ). Evidentemente, cada campo apresenta o valor absoluto da carga radiante (**h**). A condição de estabilidade da mecânica do fóton permite calcular integralmente a energia desse fóton.

Foi demonstrado que a intensidade de força que fundamenta a unidade do fóton é diretamente proporcional ao quadrado do valor absoluto da carga radiante inversa pelo quadrado do comprimento de onda sobre o qual se fundamenta o campo eletromagnético.

O referido enunciado é expresso simbolicamente pela seguinte relação:

$$F = \varphi \cdot h^2/\lambda^2$$

O campo elétrico e magnético de um fóton se propaga e se adicionam continuamente a alternadamente no espaço, através de sua trajetória natural. Então é possível demonstrar que a intensidade de força que atua sobre o referido campo eletromagnético é igual a inércia do fóton em produto com o quadrado da velocidade de propagação do mesmo, inverso pelo comprimento de onda.

Simbolicamente, o referido enunciado é expresso pela seguinte relação:

$$F = i \cdot c^2/\lambda$$

Igualando convenientemente as duas últimas expressões, resulta que:

$$\varphi \ h^2/\lambda^2 = i \cdot c^2/\lambda$$

De acordo com a referida equação, (**c**) é a velocidade de propagação de campos elétricos e magnéticos. O lado esquerdo da referida equação é a força eletromagnética e o lado direito caracteriza a força centrípeta que mantém os campos elétrico e magnético numa trajetória, o que vem a caracterizar a integridade do fóton. Porém, o momento angular eletromagnético do fóton (**L = n . h**) deve ser obrigatoriamente constante, então vem que:

$$\mathbf{L = i . c . \lambda = n . h}$$

Obtendo-se a velocidade de propagação do fóton e substituindo na penúltima equação, então, obtém-se que:

$$\mathbf{\varphi . h^2 = i . c^2 . \lambda}$$
$$\mathbf{c = n . h/i . \lambda}$$

Então, resulta que:

$$\mathbf{\varphi . h^2 = i . \lambda . (n . h/i . \lambda)^2}$$

Assim, vem que:

$$\mathbf{\varphi . h^2 = i . \lambda . n^2 . h^2 . i^2 . \lambda^2}$$

Eliminando os termos em evidência, resulta na seguinte expressão:

$$\mathbf{\varphi = n^2/i . \lambda}$$

De forma que:

$$\mathbf{\lambda = n^2/i . \varphi}$$

A seguir procederei ao calculo da energia total de um fóton nos limites do comprimento de onda. O fóton em sua interação eletromagnética apresenta um movimento na trajetória de seus campos, e também uma certa energia potencial, demonstrada em outra parte.

Pelo princípio da conservação da energia pode-se afirmar que: "A energia total do sistema fotônico é igual a sua energia cinética de interação entre campos elétricos e magnéticos, adicionada com a energia potencial que caracteriza o fóton".

Simbolicamente, o referido enunciado é expresso por:

$$W = E_c + E_p$$

Foi demonstrado que a energia potencial do fóton é diretamente proporcional ao quadrado do valor absoluto da carga radiante inversa pelo comprimento de onda que caracteriza o fóton.

O referido enunciado é expresso simbolicamente pela seguinte relação:

$$E_p = \varphi \cdot h^2/\lambda$$

É extremamente simples demonstrar que a energia de um fóton é igual à sua inércia, multiplicada pelo quadrado da velocidade de propagação do fóton.

Simbolicamente, o referido enunciado é expresso pela seguinte equação:

$$E_c = 1/2 \, i \cdot c^2$$

Então, a energia total será expressa por:

$$W = 1/2 \, i \cdot c^2 + \varphi \; h^2/\lambda$$

Substituindo convenientemente com a expressão

$$\varphi \cdot h^2 = i \cdot c^2 \cdot \lambda$$

Então resulta que:

$$W = 1/2 \, i \cdot c^2 + i \cdot c^2 \cdot \lambda/\lambda$$

Logo, vem que:

$$W = 1/2 \, i \cdot c^2 + i \cdot c^2$$
$$W = i \cdot c^2 \cdot (1/2 + 1)$$

Onde a constante numérica de valor igual a "um" caracteriza o número de fótons. Logo, generalizando a referida equação, pode-se escrever que:

$$W = (n + 1/2) \cdot i \cdot c^2$$

Em outra parte da Fotodinâmica foi demonstrado que:

$$h \cdot f = i \cdot c^2$$

Então, substituindo convenientemente as duas últimas expressões, obtém-se que:

$$W = (n + 1/2) \cdot h \cdot f$$

É interessante observar que a referida formula é correta para um oscilador harmônico. Porém, a pequena diferença existente, não afeta qualquer resultado anterior.

9. Quantidade de Movimento

A quantidade de movimento transportada pelo fóton é igual à energia do mesmo em produto com a velocidade de propagação do referido fóton.

Simbolicamente, o referido enunciado é expresso pela seguinte equação:

$$Q = i \cdot c$$

A velocidade de propagação do fóton é deduzida da seguinte maneira:

$$i \cdot c^2 = \varphi \cdot h^2 / \lambda$$

Isolando a velocidade, resulta que:

$$c^2 = \varphi \cdot h^2 / i \cdot \lambda$$

Logo, vem que:

$$c = \sqrt{\varphi \cdot h^2 / i \cdot \lambda}$$

Substituindo convenientemente as duas últimas expressões, vem que:

$$Q = \sqrt{\varphi} \cdot i \cdot h^2 / \lambda$$

10. Momento Angular

O momento angular das oscilações eletromagnéticas que constituem o fóton é igual à quantidade de movimento em produto com o comprimento de onda que apresenta.

O referido enunciado é expresso simbolicamente nos seguinte termos:

$$L = Q . \lambda$$

Demonstrei que a quantidade de movimento do fóton é expresso pela seguinte expressão:

$$Q = \sqrt{\varphi} . i . h^2/\lambda$$

Substituindo convenientemente as duas últimas equações, resulta que:

$$L = \sqrt{\varphi} . i . \lambda . h^2$$

11. Freqüência de Oscilação

A freqüência de oscilação eletromagnética de um fóton é expressa pelo quociente da velocidade de propagação do fóton inversa pelo comprimento de onda que o mesmo apresenta.

Simbolicamente, o referido enunciado é expresso pela seguinte relação:

$$f = c/\lambda$$

Demonstrei que a velocidade de propagação do fóton é expressa por:

$$c^2 = \varphi . h^2/i . \lambda$$

Mas:

$$c^2 = f^2 . \lambda^2$$

Substituindo convenientemente as duas últimas expressões, resulta que:

$$c^2 = f^2 . \lambda^2 = \varphi . h^2/i . \lambda$$

Logo:

$$f^2 = \varphi . h^2/i . \lambda^3$$

Portanto conclui-se que:

$$f = \sqrt{\varphi . h^2/i . \lambda^3}$$

Portanto, conhecendo-se (λ) e (i), determinam-se os parâmetros (W_p), (W_c), (f), (Q) e (L). Se qualquer uma dessas grandezas for quantizada, evidentemente as demais também serão.

Na hipótese da quantização do momento angular do fóton; posso afirmar que em vez da infinidade de freqüências que seriam possíveis segundo a mecânica clássica, um fóton somente pode existir em uma freqüência na qual seu momento angular (L) é um múltiplo inteiro de (h).

Desse modo posso escrever:

$$L = n . h$$
$$n = 1, 2, 3, ...$$

Observe a diferença entre a quantização do momento angular de um fóton sob a influência de uma força eletromagnética inversamente proporcional ao quadrado do comprimento de onda e a quantização de Bohr do momento angular orbital de um elétron atômico e a quantização de

Planck da energia de uma partícula, como um elétron, que executa movimento harmônico simples sob influência de uma força restauradora harmônica.

Demonstrei que o momento angular do fóton é expresso por:

$$L^2 = \varphi \cdot i \cdot \lambda \cdot h^2$$

Combinando convenientemente as duas últimas expressões, resulta que:

$$n^2 \cdot h^2 = \varphi \cdot i \cdot \lambda \cdot h^2$$
$$i \cdot \lambda = n^2 \cdot h^2 / \varphi \cdot h^2$$
$$i \cdot \lambda = n^2 / \varphi$$

TEORIA FOTODINÂMICA
Leandro Bertoldo

Capítulo 21
Mecânica dos Fótons

1. Introdução

No presente capítulo, vou inicialmente apresentar uma equação que pude deduzir em 1982, que descreve o comportamento da função de onda da radiação eletromagnética. A seguir vou estudar a equação que relaciona o comportamento corpuscular que a radiação apresenta associada. Mostrarei que a equação leva de forma bastante natural à quantização da energia que Planck postulou no início do século XX.

2. Fótons

Em 1905, Einstein apresentou uma nova teoria para a radiação eletromagnética e citou o efeito fotoelétrico como uma aplicação que poderia mostrar a realidade de sua teoria.

Einstein propôs que a energia radiante está quantizada em pacotes concentrados, que mais tarde receberam a designação de "fótons".

Einstein supôs que o fóton está inicialmente localizado em um pequeno volume do espaço, e que permanece localizado à medida que se afasta da fonte com velocidade da luz (**c**). Ele propôs que a energia (**W**) do fóton está relacionada com sua freqüência (**f**), e expressa pela seguinte equação de Planck:

$$W = h \cdot f$$

Os fótons apresentam comportamento ondulatório como demonstram as experiências de difração. Também apresenta comportamento corpuscular como verificado no efeito foto-elétrico e no efeito compton.

Portanto, adotado a idéia de que o fóton é um pacote de energia localizado no espaço, vou considera-lo como sendo uma partícula de energia (**W**) e quantidade de movimento (**Q**). Tal partícula deve, apresentar certas propriedades extraordinárias. Considere a equação que expressa a energia total relativística de uma partícula qualquer em termos que sua massa de repouso (**m₀**) e sua velocidade (**v**).

$$W = m_0 \cdot c^2/\sqrt{1 - v^2/c^2}$$

Porém, a velocidade de um fóton é igual à da luz (**c**), e sua energia (**W = h . f**) é finita, e a massa de repouso de um fóton é zero (**m₀ = 0**).

Logo, posso considerar que o fóton é uma partícula com massa de repouso nula, e cuja energia relativística total (**W**) é inteiramente cinética. A quantidade de movimento do fóton pode ser calculada da relação geral entre a energia relativística total (**W**), e a quantidade de movimento (**Q**), e a massa de repouso (**m₀**); ou seja:

$$W^2 = c^2 \cdot Q^2 + (m_0 \cdot c^2)^2$$

Para o fóton e partículas semelhantes $(m_0 \cdot c^2)^2 = 0$, então tem-se que:

$$W^2 = c^2 \cdot Q^2$$

Ou seja:

$$Q = W/c$$

Porém, sabe-se que:

$$W = h . f$$

Substituindo convenientemente as duas últimas expressões, vem que:

$$Q = h . f/c$$

Como ($c = \lambda . f$), resulta que:

$$Q = h/\lambda$$

Onde ($\lambda = c/f$) é o comprimento de onda do fóton.

3. Função Onda

Para partículas fotonicas que se deslocam na direção (**x**) com um valor preciso de quantidade de movimento e de energia, por exemplo, a função de onda pode ser escrita como uma função senoidal simples de amplitude (**A**), tal como a seguinte representação simbólica:

$$E (x, t) = A . sen\ 2\pi (x/\lambda - f . t)$$

Tal expressão caracteriza o campo elétrico (**E**) de uma onda eletromagnética senoidal de comprimento de onda (λ), e freqüência (**f**), se movendo no sentido positivo do eixo (**x**).

A grandeza (**E**) é uma onda eletromagnética associada a um fóton. Na verdade a função de onda é uma solução da equação para tal energia.

4. Energia

Inicio o meu argumento fazendo uma lista que algumas hipóteses razoáveis relacionadas com as propriedades desejadas da equação de onda da mecânica dos fótons.

1°) Ela deve ser consistente com as expressões:

$$\lambda = h/Q \quad e \quad f = W/h$$

2°) Ela deve ser considerada com a equação:

$$W = Q^2 . c . \lambda/h + V$$

Tal expressão relaciona a energia total (**W**) de um fóton com sua energia cinética e sua energia potencial (**V**).

3°) Ela deve ser linear em **E (x, t)**.

Tal exigência de linearidade garante que se podem somar as funções de onda.

4°) A energia potencial (**V**) é na maioria das vezes uma função de (**x**), e possivelmente até de (**t**). No entanto, há um caso especial importante no qual:

$$V (x, t) = V_0$$

Agora, posso escrever que:

$$Q = h . k$$

Onde a grandeza (**k**) é dita o número de onda angular.

Então, resulta que:

$$W = h^2 . k^2 . \lambda . c/h + V$$

Eliminando os termos em evidência, resulta que:

$$W = h . k^2 . c . \lambda + V$$

Ou:

$$k^2 = (W - V)/h . c . \lambda$$

Supondo então que a dependência espacial da função de onda para o fóton livre é dada pela função senoidal.

$$E (x) = sen \; 2\pi . x/\lambda = sen \; k . x$$

O número de onda angular (**k**) é constante, já que a energia potencial (**V**) é constante no caso de um fóton livre, e já que sua energia total também é constante. Derivando **E (x)** duas vezes em relação à sua única variável independente, obtém-se:

$$dE \; (x)/dx = - k . cos \; k . x$$
$$d^2E(x)/dx^2 = - k^2 \; sen \; k . x = - k^2 . E(x)$$

Substituindo convenientemente o valor de (**k²**) encontrado anteriormente, obtém-se que:

$$d^2E(x)/dx^2 = - (W - V)/h . c . \lambda . E(x)$$

Ou:

$$W \cdot E(x) = -1/h \cdot c \cdot \lambda \cdot d^2E(x)/dx^2 + V \cdot E(x)$$

Tal equação diferencial satisfaz a todas as hipóteses relativas à equação de onda da mecânica fotonica.

Observe que as autofunções eletromagnéticas $E(x)$ são diferentes das chamadas funções de onda $E(x, t)$.

5. Função Onda II

No parágrafo anterior afirmei que:

$$W = h \cdot c \cdot \lambda \cdot k^2 + V$$

Sabe-se que a energia do fóton é expressa por:

$$W = h \cdot f$$

Também sabe-se que:

$$f = c/\lambda$$

Substituindo convenientemente as duas últimas expressões, vem que:

$$W = h \cdot c/\lambda$$

Portanto, posso escrever que:

$$h \cdot c = W \cdot \lambda$$

Logo, resulta que:

$$W = W \cdot \lambda \cdot \lambda \cdot k^2 + V$$

Assim, vem que:

$$W = W \cdot \lambda^2 \cdot k^2 + V$$

$$1 = W \cdot \lambda^2 \cdot k^2/W + V/W$$

Eliminando os termos em evidência, vem que:

$$1 = \lambda^2 \cdot k^2 + V/W$$

Posso escrever que:

$$1 - V/W = \lambda^2 \cdot k^2$$

Logo, vem que:

$$1/\lambda^2 - V/W \cdot \lambda^2 = k^2$$

Afirmei que:

$$d^2E(x)/dx^2 = - k^2 \cdot E(x)$$

Substituindo convenientemente as duas últimas expressões, resulta:

$$d^2E(x)/dx^2 = - (1/\lambda^2 - V/W \cdot \lambda^2) \cdot E(x)$$

Ou:

$$d^2E(x)/dx^2 = - E(x)/\lambda^2 - V \cdot E(x)/W \cdot \lambda^2$$

Ou:

TEORIA FOTODINÂMICA
Leandro Bertoldo

$$\lambda^2 . d^2E(x)/dx^2 = - E(x) - V/W . E(x)$$

Ou:

$$\lambda^2 . d^2E(x)/dx^2 = (- 1 - V/W) . E(x)$$

Caso ($V = 0$), a última expressão reduz-se à seguinte:

$$\lambda^2 . d^2E(x)/dx^2 = - E(x)$$

6. Equação de Onda Generalizada

A equação de onda generalizada para o fóton, bem como as demais estabelecidas nos parágrafos anteriores apresentam um significado muito mais importante quando se trata do estudo dos fótons sob ação do campo gravitacional de um buraco negro.

A equação de onda generalizada para o fóton apresenta uma demonstração longa, por tal motivo vou simplesmente apresenta-lo no presente parágrafo:

$$V(x,t) . E(x,t) = i . h . \partial . E(x,t)/\partial t + 1/h . c . \lambda . \partial^2.E(x,t)/\partial x^2$$

Onde (i) é o número imaginário.
Onde $E(x,t)$ é caracterizado por:

$$E(x,t) = A . sen\ 2\pi . (x/\lambda - f . t)$$

Toda vez que não houver forças atuando sobre o fóton numa região, posso tomar o valor da função energia potencial na região como sendo zero. Então a equação de onda generalizada fica da seguinte forma:

$$0 = 1/h \cdot c \cdot \lambda \cdot \partial^2 \cdot E/\partial x^2 + i \cdot h \; \partial \cdot E/\partial t$$

Assim, vem que:

$$-1/h \cdot c \cdot \lambda \cdot \partial^2 \cdot E/\partial x^2 = i \cdot h \; \partial \cdot E/\partial t$$

7. Equação de Energia Confinada

Considere um fóton confinado entre paredes impenetráveis e refletoras, afastadas entre si de uma distância (**x**).
Os comprimentos de ondas permitidos para as ondas de fótons devem ser expressas pela seguinte equação:

$$\lambda = 2 \cdot x/n$$

Sabe-se que:

$$Q = h/\lambda$$

Substituindo convenientemente as duas últimas expressões, vem que:

$$Q = n \cdot h/2 \cdot x$$

A energia de um fóton é expressa pela equação de Einstein que é a seguinte:

$$W = h \cdot c/\lambda$$

Substituindo convenientemente as duas últimas expressões, vem que:

$$W = n \cdot h \cdot c/2 \cdot x$$

www.ingramcontent.com/pod-product-compliance
Lightning Source LLC
Chambersburg PA
CBHW070435180526
45158CB00018B/1372